散步去吃西米露

飲食兒女的光陰之味

呂政達——著

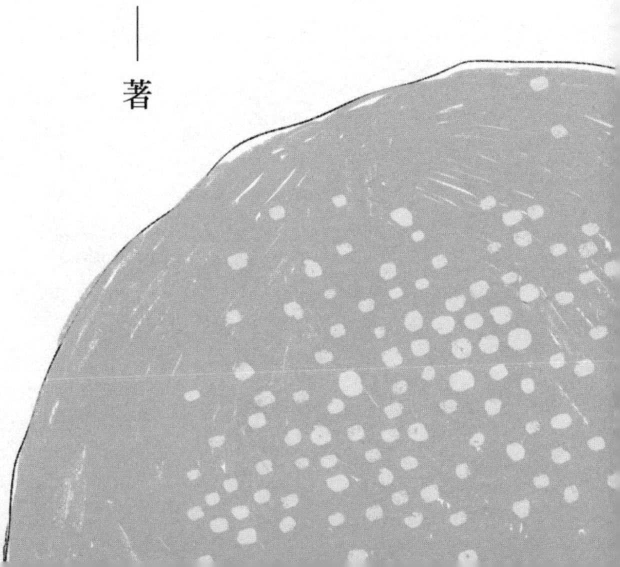

光陰之味〔代序〕

來到外祖母的晚年，還沒有遭遇金融海嘯，每到外祖母家作客，她端出一盤鮮綠修長，嚼起來像絨毛玩具的菜，說：「這個就是膽小鬼。」

那道菜在綠色外殼內有黏稠的液體，口感非常特殊，幾經詢問才知道，就是黃秋葵。攻讀農業的舅媽從國外引進，當時在台灣的餐桌上還算新鮮，卻被外祖母當成是「膽小鬼」，當然，我們費了幾年的功夫，也沒有教會外祖母正確的說法。外祖母終生不識字，蔬果取什麼名字全憑口感和經驗體會，但對受過識字教育的我們卻堅持要說對菜名，名不正食不順，或許，關於對食物的態度，外祖母畢竟才是對的。

外祖母活了九十三歲，那整整一百年的光陰，從日據到國民政府，從威權到民主選舉，怎樣的改朝換代，都是外祖母的黃金年代。把年歲細分到一日日的份，或者再細到每一餐的張羅，我們確可用飲食來爲每一個人物書寫生命史。奧地利的精神分析大師佛洛伊德名言：「每個人會把兩歲時住過的地方，當成是終生的原鄉。」兩歲時媽媽餵我們吃下的食物，應該，也會成爲終生懷念的光陰之味。路過淡水，有個從英國來的女子艾美開了家餐廳，販賣外祖母給她吃過的炸豬皮，視爲終生美味，「你們台灣人的祖母也給孩子吃豬皮嗎？」她問。我說：「有啊，不過我們把豬皮放進白菜滷。」

我對外祖母料理的懷念，就由此出發。我不確定自己兩歲時有沒有吃過外祖母的菜，但我母親記得的則是一道竹筍煮虱目魚，竹筍是自家農田附近挖來的，醃過長久保存，若有魚販運虱目魚來村裡賣，頭和尾加入醃筍內煮。那個年頭，鄉下小孩不常有機會吃到虱目魚肚，也許是這樣，我總覺得台南的老一代對虱目魚肚有種特殊情結，我認識一個台南歐里桑每天早上都到赤崁樓邊大啖一副虱目魚肚，配上一支冷掉的油條，不妨稱爲光陰的「補償心結」。

晚年，外祖母還親自下廚時，農曆正月初二跟母親回娘家，外祖母從參加喜宴得到靈感，會做一道豬小腸塞蓮子，小腸的軟和蓮子的鬆感極爲搭配。據說外祖母每年只做這麼一回，她應該覺得兒孫回家是大事，應該煮一道特別的菜，那道喜宴得到的印象，就是外祖母的大菜。那時，我們視進外祖母的廚房爲畏途，她一生只用柴火燒的灶頭，沒動過瓦斯爐，一煮飯時升起火，廚房又燜又熱，外祖母就這樣過了一生，張羅過每一餐。二十多歲時，我在灶頭邊見到一隻貓趴著狀似忙碌，邊嚼邊舔著她的鬍鬚。只見外祖母邊煮著要給我們吃的菜邊說：「喔，那隻貓正在吃老鼠。」不知為什麼，此事讓我對食物鏈這回事產生重大衝擊，從此我就沒有再喜歡過貓，當然，也不能說我因此同情起老鼠。

這一生，外祖母的餐桌上，她吃下的食物，多半來自自家的土地和耕作，依靠土地的情感之深，也不是都市人近年興起小農風氣能夠比擬的，對外祖母，那就是她唯一知道的生活方式。她傳下頗多與食物有關的諺語，有一句可這樣寫下：「路邊的芭樂眾人插，等到熟時滿身坑。」還有一句是雜草和稻穗的爭吵，稻穗說雜草怕火，雜草譏稻穗禁不起風吹。我原當此句是鄉間的俚語，幾個月前訪母親的娘家，外祖母已故去多年，舅舅要整地種果樹，一把火燒著滿滿田畝的野草，那把火從下午燒到黃昏，久久不熄，放目望去半個天空瀰漫濃煙，我開始想像，外祖母當年一定也常常見到此情此景。

我走進偏廂的廚房，外祖母離去後的灶頭冷冷，遺留下的柴火已受幾個季節的霜凍，想是再也燃不起了。光陰之味其實正是如此的滋味，悠悠，冉冉，我們不只是在吃光陰，最後，也得給光陰吃了。

第1道——生命中的美好食物

第2道——那年代的溫柔口感

第3道——忘不了的光陰之味

第4道——愛有沒有保鮮期限？

第5道——舌尖上的地誌風景

第一道　生命中的美好食物

綠意紅瓜

應該是上個世紀初，美國曾經發生基督教牧師控訴教達爾文進化論的生物教師案，後來搬上銀幕，在六〇年代拍成《天下父母心》（*Inherit the Wind*），我總是記得飾演牧師的寇克．道格拉斯發表的一席禮讚西瓜的布道詞。

在那幕場景裡，寇克．道格拉斯拿著一片紅西瓜，意圖說服聽衆上帝是存在的。「你們看這片西瓜，在紅色的果肉外包裹著綠色條紋果皮，在果肉和果皮間，還有一層如同襯裡般的白膜，這麼的優美。」牧師的結論是，如果不是神創造了世界，怎麼會有西瓜這種巧奪天工的存在？

現在進到二十一世紀，我們多多少少都信神，也多多少少讀過些達爾文，現在要我們拿起一片西瓜時思索這個問題，我們又會做何評斷呢？相信科學主義的人肯定會問，難道眞的有一個大設計師，在遠古前就設計了西瓜長這個樣子嗎？

吃就吃嘛，聽見有人抗議，何必拿起西瓜就想起神意這種莊重的問題，要不然，臭豆腐這種食物應該算是神的設計，還是人類對味覺感官的惡作劇？吃著臭豆腐，聞其味，難道會讓人聯想起墮落和輪迴？

有太多的果物，會讓人不由自主地想起神意，其中，西瓜最讓人神往。我相信窮現在的生物科技的魔術，也不能憑空創造出一個結構飽滿的紅西瓜。小時候，吃完西瓜，舔完所有的汁液，還用西瓜皮貼著臉頰，感受從沙地輸來的涼意，我在許多年後才知道，那其實就是神的手指的觸摸。

西瓜是夏季的序曲，也是夏天值得等待的所有理由，那一顆顆綠意盎然的肥西瓜擺在水果攤的架上，不管你信的是哪一種宗教，是神還是達爾文的信徒，都無法阻擋西瓜所帶來的誘惑。

小時候，台灣人不太會買一整顆的西瓜，多半會讓攤商用長長的西瓜刀剖開，切成一片片帶回家，然後才會有「分配正義」的艱難問題。如果小孩人口眾多，難免會有「爸爸不公平，哥哥分的那片西瓜比較大片」的抗議。然後全家暫時歸於寂靜，每個人捧著他的西瓜，在紗窗後面體驗其神意。我也是多年後才知道，在那靜默的時刻，在口舌間融化的紅色果肉，那是生命的重要時刻，可以和教堂裡的沉默禱告、或是廟殿諸神前的心神交會後一樣等觀而論。

後來，一起吃西瓜的家人和夥伴都將經歷許多的事，分分離離，有的又回到相同的道路，有的卻再也不回來了，然後我們才眞的知道，宗教爲人們存在的眞正理由。

在夏季，有時我會買半顆西瓜回家。買西瓜，從來就不會是只給自己吃，雖然我吃完了最大的那一片，還是會留著幾片，給未歸的家人，突然睜大眼睛，提高音量：「眞好，今天有西瓜可以吃耶。」我讀過許多禪師的著作，他們總提倡「活在當下的美好」，事實上，當我們吃著西瓜時，除了那個當下，轉瞬即將消失的美味，從眼前慢慢失去的大紅色，那就是當下的美好。

想起有一年，我前去拜訪某禪師。桌案上每個人都分到一片紅西瓜，我從弟子提供的資料得知，西瓜是這位禪師極爲喜愛的水果，果然，禪師拿起西瓜，狀若滿意地輕輕吃起西瓜，好像那片西瓜是菩薩帶給人間的最美好的禮物，在那當下就唯有西瓜，那天，我眞的問了那個老生常談的問題：「我們如何活在當下？」我其實已經知道答案，禪師是在答著，那就來吃一片西瓜吧。

那就來吃一片西瓜吧，夏天，禪意擺擺款款如綠意的停留時。

散步去吃西米露

靈鷲山的法性師圓寂後，廣純師寫了一篇紀念文，提到十多年前，法性師猶未發病前，他們隨著心道法師到香港弘法，晚上，法性師這樣相約廣純師：「要不要去吃全世界最好吃的西米露？」廣純師當然答應，他們走過夜間的九龍，吃過那碗西米露，然後又走回落榻處。

我讀到這篇紀念文，大感驚奇，魅惑於兩名比丘尼走過香港最繁華的街，尋覓陌生而擁擠的道路，只是要去吃一碗西米露。廣純師寫道，吃完，法性師也不說什麼，彷彿這樁心願的完成就是全部，味道說明一切，沒爲什麼來，也沒爲什麼去。我聽說法性師以前的說法也是這樣的風格，她說畢轉身就走，你有沒有悟得，就得靠自己的領會。

我趕緊寄了一封簡訊給廣純師，香港也是去過的，到底是哪家的西米露，我是不是在行旅間，全然錯過了這世界上的一樁美味，虧待了舌頭？廣純師回信，卻只說在九龍的小店裡，名字她記得，卻已不記得街道。

我當然知道那間店，客居香港，那是許多美食招牌的一處風景，老式的硬卡座位，濃厚的廣東腔在茶水間流轉，我總是記得坐在雙層巴士的上層，天空割裂成招牌形形色色的方塊和圖騰，有一次我伸手，就可以摸到那間糖水店的名字。但是，我好奇地問道，那就是全世界最好吃的西米露嗎？

我特別想知道，當一名比丘尼捨報，告別她長長的一輩子後，爲什麼另一名比丘尼的追憶裡，最首先想起的卻是一碗西米露？也許走過的那條路並不長，她跟在法性師的背後，雖然路途陌生，走著走著就失去了方向感，但只要跟著就對了，她曾有多少次跟著這名大師兄，散步去參加一場急雨後的盂蘭法會，或出發去吃一碗西米露，路途絕無二致，心意也絕無二致。

歷史留下的禪家公案和祖師事跡，頗多這樣的心意，竟然就像黑夜擎起的燭火，照亮後世的學禪人。來，德山禪師丟過來一只斧頭，我們到深山裡砍柴，你就得跟著後面，就算是天涯也得去。白隱禪師不爲加諸其身的毀謗辯駁，總是輕聲地說一句：「喔，是這樣嗎？」是這樣嗎？百丈禪師永遠在前去耕作的路上，他手上托著缽盛滿芳香的泥土。是這樣嗎?當全村竟無一個懂禪機的人時,馬祖禪師哈哈一笑,大步向前走去。禪師們總說,最後,我們總也要這樣那樣的走過生死。

是這樣嗎?我想我開始懂得法性師留下的這段如偈的行走,繁華和香港隱隱的哀傷留不住這名比丘尼,她心裡口裡想的是人間最好吃的滋味,於是,受想行識也無非不是美好的呢。雖然,肉體的辭去總還讓凡人感覺悲傷,她已行過,漸去漸遠,在那一刻,在那條最寂寞而美好的路上,就讓我們散步去吃一碗西米露。

福菜道場

幾次都在黃昏，上福隆山上的道場，山上的法師安排計程車來接我，走濱海公路的方向。

車行未久，約莫才上快速道路，法師就會打手機來，「師兄，快到了嗎？」她說，「要不要準備便當？」

我其實還沒有吃飯，但總要客氣地說一聲：「不用麻煩了。」「不，不麻煩，」法師也會這樣說，「我請廚房準備三個便當。」連同司機和我隨行的兒子，總要準備三個便當。

山上的用餐處位在大殿的旁邊，不鏽鋼盒子擺著幾道素菜，連同一個打湯的桶子，分男女席。那晚香積上吃些什麼菜，便當內就是什麼樣的菜色。開車的司機其實就是法師的父親，過天眼門山路就往下蜿蜒，他熟門熟路開著車，還不忘跟警衛打招呼，來到大殿，他昔日的女兒默默遞給他一個便當，他竟然也說謝謝，「我到警衛室旁邊的停車場吃。」如此告別站在燈光闌珊處送他的女兒，後頭的毗盧觀音默默諦視，彷彿是一再溫習的人間劇碼。

飯盒總是用藍色的染布包著，應該是爲了保溫，我領受這份溫暖的心思，掀起飯盒，安靜地放著一撮青豆、豆皮、深綠色而不知其名的蔬菜，一些菜心或花瓜，有時也會有炒米粉，那味道其實偏鹹，我吃了兩口停下筷子，好奇地看著兒子一往直前地把菜扒進嘴裡。「味道如何，還吃得習慣嗎？」法師問道。

我直心以對：「對我來說是有點鹹，」停頓，又加了一句：「我是說對我來說。」

法師帶著抱歉的神情：「可能香積的師姐怕山下來的客人吃太淡會不習慣，所以多加了一把鹽。」法師說：「平日在山上，我們吃這些福菜，並沒有這樣的感覺。」

福菜？依照我對客家菜的淺薄知識，福菜不就是醃過的芥菜，那味道不也本來就偏重的嗎？我不禁問道：「我來這幾次，沒有吃到福菜啊？」

「喔，」法師正色道：「我們在山上吃到的每口菜都得來不易，每一根菜葉，每一粒豆子都是天地的奉獻，都是福菜。」說這話時，從福隆山下的海面吹來一陣風意，吹向殿前裊繞的香火，連菩薩也點頭稱是了，我當下起了這樣的感應，重新拿起筷子，低下頭吃完飯盒裡所有的菜飯。

這座道場其實也得來不易，遠古據說是平埔族升狼煙、守望漁火的所在，山裡鑿了許多通向海面的洞穴，後來為法師尋至閉關，命名為「法華洞」，每當莊嚴結界總從此處結起。當祖師殿建起，香客絡繹來參拜後，進餐的菜色和米還是得從山下運上來，經過艱難而漫長的運送抵達大殿。

「初建道場時的艱難，我其實也沒有經歷過。」年輕的法師這樣說道，「但是，惜福的心意卻這樣一傳就是三十年，我們吃的菜全都是福菜。」

福隆山山勢險峻，峭壁直直伸進碧海藍天，在石壁間興建祖師殿已屬觀音保佑，山上原本就無空間可種菜闢田，最初在廚房後有一個小小的菜圃，種些簡單易長的小白菜和地瓜，但經年的風霜寒害卻使種菜也是大學問，有些小小的收成就值得眾人歡喜，我記得去年的秋天，那位法師傳出一封喜孜孜的簡訊，「我種的胡蘿蔔長出來了，謝謝菩薩。」我如此回信：「百丈禪師有言『一日不作，一日不食』，感恩法師仍有古風。」原想找個跟胡蘿蔔或兔子有關的禪宗公案回敬一番，又覺畢竟是戲論，今後我應該寫道：「吃的是福菜，種的是福田。」

香積旁的毗盧觀音頭戴寶冠，依然默默諦視。觀音來自浙江普陀山，當年迎觀音上山是道場的盛事，香客連綿數里，街道兩旁燃放鞭炮，有人在柏油路面對著觀音的鑾轎跪拜求福，鑾轎過處皆是福地，但即使在那熱鬧的時刻，我心中的感應，還不如此時在寂靜的餐桌前，聽著法師說起福菜的心意。很快了，代表晚課的梆子聲就要傳遍山內了。

其實，這卻是我人生裡第二次聽聞「福菜」如此的用法。高中時，在台南竹溪寺附近有一座小小的庵堂，小的甚至沒有名字，庵裡住著一名老尼，從我知道她以來她幾乎就是那個樣子。我和同學路過，同學邀我進去吃素菜，微暗的庵堂內就擺著一桌素齋，有芥菜心和幾乎已難分辨的醃白菜、豆腐乳和已在過期邊緣的花瓜，我跟長期吃素的同學落座，看著同學津津有味地吃起來，看著我停箸不動，同學說：「來啊，別客氣。」我說：「我不是客氣。」那女尼這時從廚房後頭走來，對著我們打招呼：「來啊，這些都是福菜。」吃完後，同學取出身上的零錢，投在庵堂香火錢的奉獻箱。

那是多年前的一幕，後來才知道，庵堂就靠這筆奉獻金支持下去，女尼卻不白白收信眾的錢，她總要自己種一畝田，或是附近菜園給她送來的菜色，每天做出一桌菜，每天，也都有人會來吃那桌其實味道不怎麼樣的菜。

幾年後，竹溪寺一帶進行都市更新，我重訪舊地已不見庵堂，想來老尼也已圓寂多年了吧，多年後我卻在福隆山上的冷鋒和香火間想起了往事，往事依依，法師等我吃完後收去碗筷，「感恩，我來收就好。」

於是，我由此深深地體悟到，只要有心，吃的每口菜都是福菜，種的每寸田都是福田，走過的土地，也都是福地。我跟吃完飯菜的兒子說：「自己去洗筷子。」他也乖乖把碗筷拿去沖水龍頭，水聲回響，確實是值得惜福的一刻。

那晚告別離去，燈光婆娑，只剩下海面上的一輪冷月，但心和身體卻依舊是溫暖的。

水沉豆腐

潔袍素領的職人，想必也有顆素白的心。他的手柔軟乾淨，探進透明的水箱，小心地撈出沉在水底的豆腐。

娟白如絲的豆腐，就在職人的手掌捧著，沉靜的水底落定的豆腐，素顏而安靜。在微風廣場的市集，我不忍心打擾豆腐的沉默。

但是，思念一逕地也沉在那冰涼的水中，我不就是那個買豆腐的人嗎？是我讓那塊豆腐離開水底，告別了安逸已成習慣的世界。用荷葉襯底包在紙盒內，豆腐是柔軟而脆弱的，即將跟著我的行囊回家。

我爲什麼買一塊豆腐，又不能滿足於僅僅吃一塊豆腐果腹，但就在紛擾的市集偏角，我就覺得我想將那塊豆腐帶回家。面對素白如是的豆腐，能讓人心沉澱，也跟著安靜下來。覺得不這樣，實在對不起豆腐的天性。豆腐置放在赭紅色的磁碗上，彷彿就將時光拉回李清照，濃睡起床，海棠葉猶帶著露痕。珠兒啊，我們做什麼好呢？邋遢鞦韆還是想寫一首詞？珠兒回答，我們且來吃豆腐吧。

多年前，林海音領銜的一本合集叫做《豆腐一聲天下白》，或許，當豆腐之心也變成食客之心後，這個世界就全安靜下來。世界會停下，等待一顆豆腐的心嗎？那麼柔軟，那麼與世無爭，在美食的系譜中自成一個派系，我們不妨稱為「白色力量」。但豆腐絕不白目，你吃到的就是你看到的，像水族箱內那肚子都透明的小金魚。

離開了閨房和李清照的幽婉，也有板豆腐的快意恩仇，有恩必報，有仇還是吃完了這頓再說。我讀高中時，常在清晨經過市場小吃攤，每戶門緊鎖，只見一副副板豆腐整齊得如同站哨，宣告即將展開的喧鬧和飽嗝、油煙和香味，每塊豆腐都擺著起手式，小子，你好膽來嘗我的味道。那扮式，活脫脫就是《水滸傳》的母夜叉孫大娘，或是雨果筆下《悲慘世界》的客棧老闆娘，有個拗口的小名，誰知道你吃下的是貓肝還是狗肺？

在食物的世界裡，我相信只有豆腐是無法喬裝的，一身襤褸的王子早晚都得顯露他的高貴氣質，我總在需要清清醒醒的時候，興起吃一塊豆腐的強烈想望。我希望那時有人望穿我就像看著一身清白的豆腐，讓世界跟著亮起來。

職人堆著笑容，遞給我這塊娟玉的豆腐，水珠滴落，轉眼我變成了一朵花，或是一株荷葉，一聲豆腐果然天下白，我突然不知道該提著還是將這塊豆腐捧在心頭，走過繁華燈重的台北市，我想起了那首唐人的詩，「一片冰心在玉壺」，對了，就是這樣的感覺。

我們的吳郭魚湯

以前在報社工作，後面杭州南路的巷子內有攤「以馬內利鮮魚湯」，雖只是巷內人家車庫外搭建的棚子，從早到晚卻是顧客絡繹不絕，坐在長板凳上吃熱熱的鮮魚湯。

那時，我常在發完版後，穿過巷弄走過去喝鮮魚湯，好像那裡就是我的心情驛站。殺好的吳郭魚堆疊在玻璃櫥內，客人來了，老闆拿出一隻魚烹煮。那時還算年輕的夫婦兩人手腳俐落，偶爾聽到老闆娘跟客人聊天，常談的話題都圍繞著孩子，擔心孩子上學、交朋友，後來是找工作、談戀愛等等接踵而來，擔心這個擔心那個。我看著那幅「以馬內利」的招牌，意思是「上帝與我們同在」，很想說這麼多年過去了，其實是「吳郭魚與我們同在」。這麼多年來，沒有一隻吳郭魚是一樣的，卻吃進了不同的肚子內，簡簡單單的吳郭魚湯，簡直就是台灣家庭的縮影，吃著魚湯，有時還得提防擦身而過的車輛，肩膀挨著肩膀，老闆娘蹲在地上刮魚鱗，展開賣魚人家的一生。

那時，如果晚一點過去，只見老闆露出諒解的苦笑：「沒魚了。」這幾乎是我最常聽見的答案，要是能夠如願吃到一碗吳郭魚湯，那天就會樂得想去買一張樂透試手氣。

報社結束營業後，我們這一群人各自換了工作，再回去吃魚湯，其實就有點滄桑的意味了。轉到那裡的機會並不多，記得某個早晨還遇到了以前的記者同事，現在轉行當上了董事長，穿著西裝也坐在板凳上呼嚕呼嚕喝湯，老闆說這位同事幾乎每早都來，當作固定的早餐。我心中想，也許是這樣，回到了這條巷子，我們又回到了報社的繁華和自己的年輕歲月，其實是只有歲月與我們同在。過了十幾年，沒怎麼變老的老闆娘還是蹲在地上殺魚，那天卻講起了她的婆婆剛動了手術，人老了總是病痛多，擔心這個擔心那個。我沒有被老闆娘認出來，那天吃到了吳郭魚，我發現經歷了歲月變遷後，其實老天爺對待吳郭魚和人都是一樣公平的。

後來再去，都是臨時起意，恰好捷運到了善導寺站，或是跟著遊行隊伍走到了濟南路，已近黃昏，車輛冒出大量油煙猛向前衝，我繞進巷內去找鮮魚湯，有個攤子能如此長期存在根本就是我的救贖。離開十多年，我對這個地帶一直有種奇特的感覺，就好像回到了你住過十多年的老家，站在原址，卻發現蓋起了一棟陌生的高樓，這樣想著，我走到了以馬內利的招牌下，心頭迴盪著「我回來了」的回音，那已經跨過中年的老闆對著我搖頭苦笑：「沒魚了。」

我的馬鈴薯燉肉

要做一鍋馬鈴薯燉肉，起初要有一顆馬鈴薯。

起初，我發現有一顆馬鈴薯躺在冰箱內，孤獨地占據冷藏庫的一個角落，像是在對我招手。我怎麼能長期忍受這種誘惑，終於將馬鈴薯整顆放進鍋子，等水沸騰後，馬鈴薯的皮在鍋內逐漸剝落，透露出一種接近乳香的味道。

直到這個時候，我還沒有打定主意，該如何吃這顆馬鈴薯，我試著加進豬肉塊和蘿蔔，不知何處來的靈感，又放進了醬油調味。這時，馬鈴薯不再只是一顆孤獨的植物，反而已接近我常在電視節目上看過的「馬鈴薯燉肉」。

「馬鈴薯燉肉」是日本關東地區的家常菜，過去我們在日劇裡領受其風味。日本人把這道菜當作他們的鄉愁，我常不知其所以然，然而，當我煮熟了一顆馬鈴薯，那圓滾滾的身軀就以它受熱的犧牲告訴我，那種自然驅散的乳香，自然讓人想到家。

有位名叫茱莉亞的媽媽說，馬鈴薯燉肉是他爸爸的鄉愁。過世的爸爸是東北人，來到台灣才結婚生子，她爸爸常常一個人搞一鍋馬鈴薯燉肉，香是非常香的，也不招呼其他人，就開始吃起來。我問茱莉亞：「馬鈴薯燉肉不是日本人的菜嗎？」茱莉亞回答：「日本人曾經占領東北，所以後來馬鈴薯燉肉也變成了東北人的菜。」菜餚是隨著侵略和殖民的進程而轉換的，像是越南有法式麵包和咖啡，或是近代的台灣人熱愛的壽司。我想像著張學良晚年住在新竹縣五峰時，常要紅粉知己趙四小姐煮一鍋馬鈴薯燉肉，兩個人就著楓葉吃起鄉愁，可以吃上一個禮拜。

最近一次她吃到這道菜，卻是讀高中的兒子煮的，也是從櫥子裡的一顆馬鈴薯開始，當水煮沸，馬鈴薯潔白的內心開始軟化，最後自然而然地變成了一鍋馬鈴薯燉肉。茱莉亞說，她確定沒有人教過兒子怎麼做這道菜，也許他看過祖父做了這道菜，「也許，是基因還是天性的呼喚。」

我說，我的感覺是，馬鈴薯燉肉是非常適合男人的一道菜，也許一開始在那個地方有一個男人面對著一顆馬鈴薯，也像我一樣想知道煮熟的馬鈴薯是何種味道，但他不願意馬鈴薯孤零零地存在著，其他的材料一件件地加進去，紅蘿蔔和洋蔥都來了，醬油和各種調味料也不缺席，原本只是土壤裡一顆孤獨的馬鈴薯，就這樣熱熱鬧鬧地進到了人們的肚子。「一起初，一顆馬鈴薯也只是孤獨之心。」我說，「一鍋肉，很像一個家的建造和完成。」

聽完我這番道理，茱莉亞略有所思，說道：「你說的是男人，而不是馬鈴薯吧。」

很久沒吃蛋糕了我

《約翰福音》的一段箴言，讓德國作家紀德引用爲自傳書名，如果麥子不死，就只是一粒麥子，如果麥子死了，掉在地面，才結成更多的麥子。有了很多麥子，才能磨成麵粉，如果麥子不磨成麵粉，麵粉不做成蛋糕，那麼許多節日，過節日的心意，都不知如何表達了。

麵粉這麼說，具備神聖的本質，宗教儀式中領受的聖餐，是麵粉製品。華人節日用各種各樣的麵粉製品過著，如冬至的湯圓或生日蛋糕，我不知道生日蛋糕的起源，但一直納悶爲什麼分吃蛋糕吹熄蠟燭，就代表心願的傳達？照我的說法，應該讓蠟燭一直亮著，像是佛壇上的長明燈，反而心願才算傳遞，吹熄了火焰，不也就暗掉了一切。

我並不反對生日蛋糕，雖然，我已經有很久沒有吃過蛋糕了，但每到親友的生日，我們最廉價也最有效的慶祝方法，其實就是去買一個巧克力、香草或奶油的蛋糕。有好幾年，每到兒子的生日，我都會專程搭公車去仁愛路帝寶對面的一家蛋糕店買生日蛋糕，那是我至今離帝寶最近的時刻，付了錢，留下地址，那家店就會在你指定的時間把生日蛋糕送過去。

有好幾年，我不管人到了哪裡，在兒子生日當天，算算送蛋糕的時間到了，我就想像老師和同學給兒子慶生，要他切蛋糕的情景，我順便默默唱幾句生日快樂歌。他也許還應大家要求，吹熄了蠟燭。雖然，我總是不在場，也沒有吃過我掏錢買的生日蛋糕。

沒有了生日蛋糕，好像我們連生日也不知道該怎麼過。有一年，是兒子讀高中部以後的事，我照例也買了生日蛋糕，也要蛋糕店照時間送過去，但那天班上收到三個生日蛋糕，老師在聯絡簿上說，我兒子的那顆蛋糕冰在冰箱裡，下禮拜再吃。但老師一再保證，他們都有在唱生日快樂歌，反正，不管是對誰唱著，那個曲調都一樣。

我每次想起蛋糕，就想到法國作家普魯斯特的《追憶似水年華》，他回憶童年吃過的瑪德蓮蛋糕，一想起童年，蛋糕的氣味就彷彿呼喚到眼前。現在沒有人可以讀完那本大部頭的小說，跟著普魯斯特在回憶錄踱步的種種法國的往事，就像法國麵包那樣放久了會變硬，我必須時時提醒自己，法國麵包當然也是麵粉的製品。

普魯斯特示範的是回憶和氣味間的連結，回憶以各種方式儲存，當然也包括氣味和味道，這是心理學裡的課題，但我想即使是同樣一款瑪德蓮蛋糕，每個人吃起來的味道和回憶也不盡相同。台北當然也買得到瑪德蓮蛋糕，還有以瑪德蓮命名的書店和咖啡店，就在國父紀念館附近；還有走進去，見到店內掛著法國國旗的甜點店，如果你要點一份法國點心，就會上來帶杏仁味的瑪德蓮蛋糕。當然，沒有帶起我對童年的回憶，我的童年顯然沒有吃過瑪德蓮蛋糕。

蛋糕象徵種種的慾望，以前有部電影，叫《從前在美國》，演員有年輕時的勞勃·狄尼諾和詹姆斯·伍德。電影描寫小時候這群日後混黑幫的小孩，聽說只要帶一個蛋糕去敲門，有個女孩就願意和他親熱一次。有個小男孩眞的帶著蛋糕去敲門，但在那女孩還沒有空理他時，他情不自禁地吃完了蛋糕。他本來想只是吃一口吧，然後一口接著一口，小口吃變成狼吞虎嚥，等到那女孩擺脫媽媽的盤問，跑來問他有什麼事時，那小男孩拿著空空的蛋糕盒子說沒事。吃到那個蛋糕，不知滿足的是小男孩的何種慾望？

以前有烤箱時，我試著做過瑪德蓮蛋糕。我照著普魯斯特書中的食譜，讀文學作品的唯一好處就是尋找其中味道，我加進奶油、砂糖、杏仁粉和我自以爲是的小蘇打粉，那次的實驗讓我日後相信，沒有錯，我應該留在當一名文學的讀者就好了，不要再存有我可以做蛋糕的幻想。

眞的很久沒有吃蛋糕了，我說的是我，眞的，是因爲血糖的關係，即使遇到宣稱無糖的蛋糕也讓我卻步，久而久之，蛋糕所具有的祝福對我卻如同禁忌，再久一點，蛋糕會變成一種神話。我覺得蛋糕的甜美糖衣後面都有個陷阱，讓你會像電影裡的那個小男孩，一口接著一口地吃，吃蛋糕本身就是一種慾望，這種慾望蓋過其他的慾望，也許來自糖分的作用。醫學界證明，糖分會讓人有幸福的感覺。但不再吃蛋糕以後，我開始以一種欣賞藝術的角度，觀看櫥窗裡的生日蛋糕，以及那華麗的色彩所許諾的，每個生日蛋糕都是表演，一種觀看比吃下肚還能夠滿足的食物。能夠和生日蛋糕比擬的麵粉製品，或許只剩下捏麵人。我從不敢想像有人會眞的把捏麵人吃掉，他們捨得嗎？

我開始自願爲大家買生日蛋糕，有一年，我的岳父還在世的時候，我在師大路的一之軒買了一種長滿刺的蛋糕，那些刺是以褐色的奶油做成的，還有一個名稱是不是就叫做嫉妒。岳父看見這個奇怪形狀的蛋糕，說這個應該叫做刺蝟吧。有一年，我還為姪子的生日買了一隻熊寶貝的生日蛋糕，內餡則是芋頭和水果，姪子本來也不想吃掉熊寶貝，提議晚上帶熊熊上床睡覺。後來我們毅然地要他切蛋糕，但看著他們分吃蛋糕，竟然有殺生的感覺。

如果有一天生日蛋糕是照壽星的臉或是造型訂做，就像是麵粉做出的雕像。大家在唱過生日快樂歌後分食壽星，在生日當天或許更令人體悟生命無常，我才會知道，為什麼麥子不死，就只是一粒麥子，磨成麵粉的麥子，才取得了在人世間和祭壇上，那個崇高的地位。蛋糕，總是這樣的犧牲奉獻著，如同紀德那一代的作家之於德國，如同福音之於宗教。

嘆息和布朗尼

泰順街口，站著一家巧克力專賣店。我發現自己站在店內，瀏覽櫥窗內的巧克力製品，我看中那款嘆息布朗尼。

是被色澤還是那個名稱所困惑著呢。鬆軟的巧克力像沾黏起來的，麵粉反像是點綴，我感興趣的是嘆息，遂問美麗的女店員，爲什麼要嘆息，難道這份巧克力蛋糕吃了就會想嘆息？難道吃甜點時不應該掩嘴輕笑嗎？

店員說她也不知道，名稱是老闆娘取的。我想，這個神祕的人物會不會一邊做蛋糕一邊嘆息，還是，就像許多作家那樣，吃著蛋糕便想起了一則往事。

我顧盼店內，想給這個名稱找到更多線索，簡介說其中含有百分之七十的巧克力，這已經足夠，畢竟，這個世上的巧克力蛋糕沒有辦法是百分之百的，在一個消費者的年代中，所以足堪嘆息。

巧克力店旁有戶人家，正確地說只是車庫的入口，在很久以前，就掛滿了各式各樣的風鈴。我那時很喜歡夏天從這裡經過，風鈴常同時響起，有一式風鈴的尾巴在風裡飄啊飄，好像在跟我講著一個故事。

如果只是想聽故事，乾脆去按電鈴，說明自己的來意。我如何希望能聽到故事，讓自己變成了一只風鈴。雖然，我想像過很多故事，沒有一個是眞的。

有名作家說，這個世界上有這麼多的人，在發生種種事，所以，即使是你想像的故事，也可能眞的發生過，眞的有人吃著布朗尼蛋糕而發出嘆息。

那個蛋糕，是要買給病中的丈母娘，她久病在床，已無法吃下固體的食物。她的女兒們說，床上的她想念年輕的時候吃過的巧克力蛋糕，將我買來的布朗尼蛋糕分成小口，送進她嘴裡。布朗尼的苦和甜調和，在胃道發酵就會變成往事的滋味，讓丈母娘回到還在公車處賣票時的年輕模樣。那時嘆息是環繞身旁的這些人發出的，沒有人眞的知道丈母娘吃下那一口蛋糕想起的那則故事，她還能講話時，一一跟女兒們說：「妳是我最親愛的女兒。」

只是，爲了聽丈母娘的這句嘆息，就像只爲了證明風的存在而掛上一只風鈴。

下一個周末，我們又站在那家巧克力專賣店，又買了同樣款色的嘆息布朗尼蛋糕，我又問了一遍，那蛋糕裡到底藏著什麼樣的故事？女店員看著我，只應了一句「嗯。」沒有聽懂我的問題。我想，也許她不知道那個故事。

年底，女兒們爲丈母娘舉行生日派對，所有的人都來了，在一家可以玩拼圖的咖啡店，丈母娘坐著輪椅，掛著鼻胃管出場，那天她離開了床榻，但無法吃下任何非流質的食物，那次不是只買一片布朗尼，而是一整個蛋糕搬來。大家爲她唱生日快樂歌，開始吃蛋糕，我聽見衆人的嘆息流瀉，像水銀在地面的翻滾。

還是去買布朗尼，小心捧著走到丈母娘家，但女兒們只瞄了一眼那白色的包裝盒，「喔，媽媽已經不能吃東西了，尤其是甜食。」她在固定時間醒來，將頭偏向身旁正在上演的韓劇，表示她和人世間尚有連結。我還是會走出甜點店，想去看那紛擾如多音合奏的風鈴，才發現季節過後，這個人家已收起風鈴，這讓我無法確定那天有沒有風，或是我還能不能聽見嘆息。「但這世界這麼的大，總有個地方會吹起風。」我開始好奇，就在那個當下，笑著的人們和嘆息者的比例，我希望不僅是百分之七十。

最後的時刻來臨，在台大醫院的病房，布朗尼放在几上，隨同衆人嘆息。丈母娘紋風不動，生命只剩下心電圖、血氧和脈搏儀上的起伏數字，親友輪流來向她告別，有人來親她的臉頰，她的血壓突然升高，也許冥冥時她又想起了一則往事，第一口蛋糕，第一個吻，第一次聽見了風鈴響聲。但血壓持續下降，午後，醫師來了，決定給她打一針嗎啡，沒多久，丈母娘就這樣走了。

他們把身體移向地下室的太平間，奔忙後事。沒有人記得我帶來的那片蛋糕，我想起和曾在台大精神科看診的吳佳璇的通訊，我邊打字時邊嘆息，「丈母娘在台大醫院和疾病戰鬥，也許就將迎向她的黃昏。」然後就像遠處有風鈴響起，吳醫師回訊：「已經有百年歷史的台大醫院，很多人在那裡過完他們的黃昏。」

蛋糕應該是送給戰士享用的，戰鬥已經結束，雖然離黃昏還有一段時間。我帶走布朗尼，留下嘆息。

誰來吃蛋炒飯

是出自日本導演伊丹十三作品《蒲公英》中的一段，說一個媽媽重病已入彌留狀態，子女環侍榻前，傷心欲絕，這時她丈夫匆匆趕回，見到妻子，情急喊了一句：「去去，去煮飯。」病重的妻子應聲而起，做她幾十年來每天做的事，到廚房切蔥，炒了一盤蛋炒飯，盡了她做為媽媽和妻子的最後一次責任，又虛弱地躺回床上，迎向她自己的終點。

一盤蛋炒飯不能改變生死，悲觀主義的伊丹十三是這樣說的，但電影裡，丈夫向子女說：「快吃，這是媽媽炒的蛋炒飯，快趁熱吃。」如果這是眞實情節，恐怕就是媽媽所聽到最後一句話。如果是眞的，當場的每個人，恐怕每個人都難忘蛋炒飯的滋味。

對我來說，日本導演的這部作品，奠定了蛋炒飯在我心目中，一種生死相與的崇高地位。我難以判斷，從日本戰後重建風潮中長大的伊丹十三，是不是改編、重塑了他兒時對蛋炒飯的印象，在昭和的那段艱難歲月，蛋炒飯確屬珍貴，也許有幾分神似黃春明在〈蘋果的滋味〉，美援時期台灣人對蘋果的感覺。

然而，在電影中，伊丹十三又對泡沫經濟時期的日本暴發戶心態，提出了批判。一群老闆去法國餐廳吃飯，竟然全部只會點漢堡和啤酒，反而是那個夥計最懂法國美食之道，連法國主廚都大感折服。不過，伊丹十三沒有說的是，如果到法國餐廳，單點一客蛋炒飯，算不算精通美食者流？

也許是來自逯耀東作品的印象，他提到當年吃館子，要考驗一個廚子的功力火候，都會點蛋炒飯，因為單憑簡單的食材，就越能看得出這名廚子的能力，甚至哲學。後來有許多日本美食漫畫也做類似的主張，高手對招的廚藝比賽，都會有一段蛋炒飯的比試，而男主角總是能憑兩顆蛋和一些米飯，就讓大家驚豔。話說回來，當年我捧讀漫畫，總不由自主地想像，如果是我遇到了那樣的一盤蛋炒飯，我能不能當個識貨的人？

隨著社會的富裕和分工的精細，簡單的蛋炒飯顯然已無法滿足大多數食客的想像和胃口。也不知從什麼時候開始，我幾乎沒有再看到菜單上會列出單純的蛋炒飯，蛋炒飯就像是資本主義文明的小妾，出場時都要冠上種種的夫姓，如火腿蛋炒飯、蝦仁蛋炒飯，還有關係更複雜的鹹魚雞粒蛋炒飯、韓式泡菜四川牛肉蛋炒飯，讓人分不清楚蛋炒飯女士，到底嫁給了高麗棒子，還是一樣嗜辣的四川老鄉？

單純從食材來說，蛋炒飯是調和主義下的產物，照理蛋不能多吃，米飯也不宜過量，但打蛋後加進米飯熱炒，卻矛盾地如此調和，好像只要經過這道熱炒的手續，從此就和卡路里和膽固醇無關了，「蛋炒飯」聽起來多麼營養，我甚至還沒有提到那鍋熱油。

蛋炒飯的香味，卻是如此的獨特，遠遠的，從巷子裡的食堂經過，聞到那股熱油和蛋一起演出的氣味撲鼻而來，就像我高中時代的一名國文女老師，沒有人能忘得掉她的那股明星香露水的氣味。我理想中食用蛋炒飯的情境，則出自台南西門路深巷內一棵榕樹下的小食堂，陰暗的座位和淺淺的廚房，幾乎只有一個熱炒鍋和調味料，那個中年老闆的拿手菜，就只有這一味蛋炒飯，偶爾會加點蝦米和青蔥，但那種單純的味道，或只要一客蛋炒飯就得到滿足的年代，已隨著都市的風貌變遷而消逝。我回台南時，騎腳踏車前往想去尋找蛋炒飯的記憶，當然什麼也找不到，高中時期我來吃這家蛋炒飯，就是騎著腳踏車來的。我也許這樣想著，如果我騎上腳踏車，找到那家蛋炒飯，能不能順利地回到我的高中年代。那時候，世界顯得單純得多，只要有一盤蛋炒飯，或者寫信給女校的女孩並得到回信，我就能滿足地在夢中發笑。

然後我又這樣想著，在北方吃過種種美食的現在的我，還會滿足於一盤蛋炒飯嗎？我應該學習以知足和滿足的心情，欣賞生活裡一盤單純的蛋炒飯，單純的味道也最飽滿，在廚房深處，亮著一盞燈，有人開始熱鍋，準備炒蛋炒飯。

伊丹十三那一代戰後的日本文化人所追求的，在簡單的感官裡獲得文化的厚度，像是茶道裡出現的一抹茶，花瓶裡的單枝孤蕊，深夜青草池塘的一聲蛙鳴，後來我讀日本文學家川端康成的小說，有時候也會想起了蛋炒飯。闔起《伊豆的舞孃》和《千羽鶴》，踱著散漫的步伐去巷口的老店吃蛋炒飯。有時也會想，如果前去作客，看見主人端出一盤蛋炒飯，我將和主人淡淡一笑，這眞是生死相與的時刻。悲觀主義的伊丹十三是這樣說的，一盤完美的蛋炒飯，也不能改變我將死去的事實。

只可惜，伊丹十三夢想的那個世界從沒有眞正的來臨，我們的味道和口味都越來越重。伊丹十三自己爲了周刊報導的不倫戀傳聞，選擇殉道明志，現場只遺留下一雙鞋子，連蛋炒飯也來不及吃。有人說大導演反應過度，八卦媒體不就像淋了過多油和醬料的炒飯，過了夜已無法入口，也不會有人當眞。但我想伊丹十三要的是一塵不染的單純，一整個世代的人都陷落在那樣的幻想裡。

多年後，伊丹十三的童年好友大江健三郎以一本《憂容童子》，紀念那段友情。我一直記得其中童子們吃零食的細節，走進清晨的森林尋找關於未來的美好，雖然沒有找到蛋炒飯，但從此吃著蛋炒飯，看著飯粒和蛋花分明的顏色，彼此分開又如此的融合，一副憂愁神情浮上，那個盡職的廚師緊張地問道：「是味道太鹹嗎，是蛋不夠新鮮嗎？」

唉，我沒有說，是蛋炒飯裡的記憶太苦。

教豬唱歌

約莫高中時期，在台南，成大後門的東寧路還沒有拓寬，十幾年後將變成道路的一處廣場，那時有商家搭起棚子賣麵，應該只是普通的陽春麵和乾麵。

我的故事是這樣的，從小到大，我吃過無數攤的陽春麵，這一攤的口味並無特別之處，但當青少年的我帶著過胖的身軀，坐進悶熱的棚子下，那個跟我差不多年紀的男子起身煮了一碗乾麵，旁邊，一名老者用濃厚的口音跟他說；「加豬油，這樣比較香。」那男生果然從調味罐裡舀出一杓濃濃白白的豬油，也顧不及我的乾瞪眼和嘟囔，心裡強烈的旁白：「沒看見我這身的體重嗎？還叫我吃豬油。」我只好開始吃那碗明顯加了豬油的乾麵。

我不太記得那碗麵的滋味，應該也沒有太多的特色，沒幾年，我上大學偶回台南，勝利國小後拓寬道路直通東寧路，那個廣場上的麵攤和小販也連根鏟起，只留下歲月的印證。然而，卻像是多年前那名老者的魔咒，我一直記得那聲「加豬油」的呢喃，那是我生平第一次和豬油的交鋒。

許多人也許和我一樣，從小到大，在食物裡吃過豬油或其他更奇怪的食材，但如果沒有點破，我們似乎不曾察覺到一口乾麵、糕點、或取做什麼名字的餅乾點心裡藏著的豬油，好像一種陰謀，藏在一個冠冕堂皇的故事裡。即使不知道，我們其實吃進了過多的豬油，那些豬把靈魂寄託在豬油裡，雜集呼喊藏在每個吃下過多豬油的身軀。我一直把青春期後過重的身材，歸因於那碗豬油乾麵。後來演變成一種心態：「如果，我沒有吃那碗豬油乾麵的話，也許我的人生就會不一樣。」我將不會在高中時期，連續撐破三件卡其布制服，不會騎腳踏車遇到爬坡，就得氣喘咻咻下來推車，也不會每當遇到夏天，就有路人好奇問我：「你是去游泳嗎？」高中時流行交筆友，也不會在對方要求寄照片時就打退堂鼓。誰知道，那時候又沒有發明伊媚兒，只有豬油流傳至今。

如果，能夠回到少年歲月，當那名老者問我「乾麵要不要加豬油」時，我必然會堅定地搖頭，大聲宣告：「我不吃豬油，那畢竟有害我的身體，而且會讓我的人生故事完全改寫。」在那個時刻來臨時，我不知道，也沒有想到拒絕，而那碗麵卻留在我的意識底層，不曾眞正的離去。雖然，總有一種聲音悠悠浮起，告訴我，別責怪下去了，那不是你的錯，也不是豬油的錯。

當然，我這篇豬油懺悔錄，也沒有去問過豬的意見。在那部電影《我不笨，因爲我有話說》（*Babe*）裡，小豬寶貝擔心聖誕節過後，他會被主人宰了做成香腸，所以小豬努力地要當一頭牧羊犬。所以，別以爲小豬是沒有意見的，那本小說的作者就不曾這樣以爲。但我眞的不知道，加進乾麵的那一匙豬油，會不會屬於同一頭豬，那頭豬會不會不甘情願地跟我說：「你還嫌我，我一點也不想被你吃進去呢。」

猶太人流傳一句俗語：「別教豬唱歌，這樣不會有結果，豬也不高興。」這句話後來引申爲莫非定律，許多猶太人在華爾街致富，被種族歧視的白種人貶爲豬，此風當然不可取，但我開始將這句話想成是我和豬油的關係，當吃進肚的豬油，也終於變成了我的故事的一部分，我理當讓體內的豬也有唱歌的權利。「這一切，」就像電影裡的母羊說的，「一切都是爲了豬。」

到了二十世紀末的前幾天，在台北的吳興街，一個尋常無風的早晨，四下無人，我遇到一頭豬站在一家燒肉店前，竟然帶著一種咧嘴笑的神情看著我，一頭豬選擇如此的現身，竟比浮士德劇本的腳色還帶著末世的意味。我一直想過去解救那頭豬，那不是它應該出現的地方吧，我是說，一家燒肉店呢。我什麼也沒有做，就如我默默地吃完了那碗豬油乾麵，然後，二十一世紀就躍進到了跟前。

過了許多年後，東寧路已經拓寬，台灣社會陷進劣質豬油的風暴，豬油變成了眾矢之的，我多次跟朋友談起了那碗豬油乾麵，說我一直掉在那匙豬油的意底牢結裡，終於有朋友受不了我的抱怨，跟我說：「那時候你還吃得到眞正的豬油，可以算是幸福了。」眞的是這樣嗎？我低下頭看著自己的肚腩，聽見了豬的歌聲。

糖炒栗子

和兒子走在周日的嘉年華隊伍間，旁邊有四顆大地上滾動的籃球，所有人都忘情地嘶叫，很快就要選舉了。路上，有一個人穿上羅馬士兵的服裝，看來是個千夫長，全身塗成泥土色，在推著一顆巨石。經過的市民都知道，那是來自希臘神話的薛西佛斯。

那天的目的地是市府廣場，經過忠孝東路一家連鎖書店邊，看見一名歐巴桑顧著一攤糖炒栗子，那鍋鐵砂發出陣陣香氣，我禁不住停下來，買了半斤糖炒栗子。只見婦人從鐵砂間掏出栗子，一面喊著：「很燙喔。」我遞一粒給兒子，果然燙手，他也不接，逕自跑在前頭。

我只好自己剝開栗子，這攤栗子炒得熟透，從結蒂處就容易剝開，不像以前在市場買來，用機器加熱的栗子，像個頑固的小孩，怎樣也不就範。我繼而想起那鍋不斷炒熱的鐵砂，覺得眞是很有希臘神話的感覺。當薛西佛斯一直推著滾下來的巨石時，在人間的一角，就是有人這樣的，默默地炒著糖炒栗子。我開始想著，用薛西佛斯來比喻荒謬主義的卡繆，會怎樣看待一鍋糖炒栗子？

我們會用各種食物來當作一座城市的地標，家人間更常用常吃的食物來標誌記憶的地景，當有人說：「嘿，我們在那家轉角的義大利麵見面。」聽的人立刻心領神會。同樣的，這座城市的糖炒栗子，其實也成爲一個個的地標，我們常一起食用同一包糖炒栗子。在仁愛圓環走廊下，有個斷手指的老人家賣糖炒栗子，有一次我和一名上班族模樣的年輕男子等著老闆現身，好像不看到那斷指的手掌鏟起栗子，那天就不算結束似的。我嘗試探問這個老闆的故事，他含糊其詞說：「我已經在這裡賣了二十年了。」聽起來表面堅硬，就像是一顆栗子的回答。

在家人間，糖炒栗子的神祕，眞的就有如神話般的特質，也許每部家族史裡，都會有個糖炒栗子那般的人物，表面堅硬，但內心卻藏著柔軟的白，也因爲堅硬，可以一直的保存著，一直的供人回味。

那天，兒子一直跑在前頭，我已忘記了那包糖炒栗子的下落。兩天後，卻在書包內摸到一顆遺落的栗子，那種感覺眞是奇特，好像是熟了的栗子還記得當日的激情。我想起馬來西亞女作家方娥眞多年前寫道，年輕的他們來到國父紀念館夜遊，蒼茫間，她跟同伴說了一句：「大哥，我就要回去了。」我知道後來他們變成了家人，被炒熟的激情慢慢地冷卻而不燙嘴，原本就是屬於糖炒栗子的神話。

最後，我一個人吃掉那顆遺落的糖炒栗子，感謝這座城市的賜福，我這就也要回去了。

涼麵時代

十七路公車從東門路左轉，駛進蜿蜒的衛國街，街巷極窄，六〇年代前典型的台南街道，沿著中學的紅色圍牆，走進我的少年疆界。

十七路公車一直行到崇誨新村的廣場，由整齊的眷村房舍包圍的廣場，就是我少年旅程的終點，每輛公車有一名車掌負責剪票。我極少想像走到公車沒有到的地方，或者提起勇氣，闖進安靜而總是包圍耳語和窺探的眷村。國中時，我眞的進去過一次，那是老師託我帶東西去給一名越南僑生，他就住在眷村內。我找到地址，在夾竹桃下的陰影站立，沒有多餘的聲音或心跳，那個同學出來應門，我一定說了句什麼，那個同學跟我說：「謝謝。」我望著他的厚嘴唇，現在的印象只剩那個嘴形。

崇誨新村似乎是我少年時代接觸異文化的起點，這個異文化包括對女性身體的好奇。國二時，眼見一名穿熱褲的女子從眷村出口驚鴻一瞥，竟從此沒有再忘記。用現代的標準，她的穿著其實仍算保守，青澀牛仔褲露出兩截大腿，我竟連她的臉也不記得，只想起路兩旁男性的反應和她有些不自在的笑容，好像新登場的角色，還不習慣自己的戲裝，卻從此將我帶進了一個新的時代。我騎腳踏車進國中校園，還沒走到教室，已聽前方男同學流遍耳語：「有沒有看見那個穿熱褲的女生，她是某某某的姐姐。」聲音壓到極低，如同錯覺。

這個新的時代，將何以名之？後來認識一名女讀者，說她是崇誨新村出來的，我回憶起了熱褲，直說：「妳年輕時穿過熱褲嗎？」但掂掂年紀不符，這位女讀者的年紀其實更長一些，果然她一愣後說道：「那個時候誰敢啊，不被打斷腿，也會被趕出家門。」我說：「最少曾有一個人是敢的。」

相對於每天過著上學、考試，對分數錙銖必較的我們，崇誨新村代表一種敢、反叛或自以為是的反叛，一個鬱悶時代想像力的出口，我每天騎著腳踏車上國中都會經過此處，也第一次看到除了三分頭外，和我同年紀的男孩的其他髮型，聽說是叫做飛機頭，那個男生從美國回來度假。我也看到了幫派的追逐，其實就是兩輛摩托車的規模。日後，我們都必須承認，這樣的回憶成為了我們的救贖，醞釀一種逃竄的盤算。

那時，公車廣場邊座落著一個熱鬧的市場，台南人稱為「兵仔市」，可見當年這裡確實住著許多老兵。許多人坐在通行的公車邊吃起涼麵，灰塵和著芝麻醬一起下肚，市場裡一個孤獨的鰱魚頭，兀自無助地開合嘴唇，以唇語說出預言：「這個地方終將消失。」

我第一次吃到涼麵，其實就在廣場邊，橫跨在水溝蓋上，兩個山東老兵頗像電影中的勞萊哈台，整日抽著菸等客人上門的樣子。我們這些所謂台灣人的子弟和眷村的接觸，許多人不約而同從涼麵開始，也許涼麵具有容易親近的特質，在眷村市場的一角引誘著我們，跨越年代和空間，從那一大塊陸地而來的鄉愁，變成方便討生活的小本生意。來台北後，聽台北人談起二空的涼麵，說到興頭處，我也湊上一角：「台南也有涼麵的。」是啊，有什麼好奇怪的？

日後回憶起眷村探險，標上各個地名，各種各樣的涼麵接續登場，幾乎和眷村的歷史一樣久遠，小黃瓜和胡蘿蔔絲是必備的龍套。涼麵的盛行也許和台灣的炎熱氣候有關，但從四面八方聚集來的涼麵，卻是被稱為「外省人」第一代的心靈慰藉。當然，我認為涼麵的經濟效益和豐富的味道層次，也曾是台灣舌頭沒能嘗過的異樣。

那時，我常去坐在水溝蓋上吃涼麵，老闆看到客人上門，菸一夾手也不洗就過來吆喝，菸蒂一直掉進麵裡，不過反正看起來也像蔥花。「老闆，小碗的，要辣。」大鋁盆盛著黃油麵，用電扇吹涼。調和的麻醬，醬油和蒜頭分列前方，全部加進那盤麵就算完成。我跟老闆說：「改大碗的，不要辣。」他臉色一變，又抓起一撮麵，再用根筷子把辣油挑掉，又放回我桌上，這點小事，一點也難不倒老闆。攪拌麻醬和香油，一直想著晚上他們會不會用那只大鋁盆洗澡，也不禁想起上一個夏天看見的熱褲。

後來湧進越來越多的熱褲，如果視線往上，在許多場夏天還可見到肚臍眼。那年市長決定拓寬道路，那個市長可能預見到未來城市將有許多異鄉人來到，許多車輛將從這條路經過，雖然這件事其實遲遲沒能發生，但路是開定了，拓寬的大馬路筆直地切過中學圍牆，後來也剖開了崇誨新村。我北上讀大學，只隔一年未見，眷村外的紅牆和夾竹桃已憑空消失，有如變了一場戲法，但從魔術師的高帽子裡不是還變得出兔子嗎？我一直不清楚都市計畫後的台南，在快速的消失和變遷裡，究竟是魔術師，還是兔子？

我回到人去樓空的崇誨新村，應該說是回到那個位置。十七路公車已不再停靠，原先的廣場蒸發，興建起了住宅和公園，熱褲曾經驚鴻一瞥的位置，現在是一座沉默的木馬，供媽媽帶著孩子跨上來番冒險。我已找不到外省伯伯的涼麵，多了加豆芽菜的關廟麵，當然，關廟麵也算是一種台灣版本的涼麵，而且距離更近，只在台南更向南的方位。我跨上木馬，感受到木馬承受著我中年後的重量，我從少年就開始的冒險也尚未結束，我一直想著熱褲，彩色氣球般的歡樂音樂，想像熱褲的人生和婚姻，但她到底是誰？

終於，輪到我想起那顆被斬斷的鰱魚頭，早已預言了它的復仇，多年後，眷村的涼麵時代已從台南的地圖消失。

貓鼠麵

歲月的逃竄間，最後決定吃一碗麵。

那是大二那年的暑假，和同班同學到彰化旅行，由學妹接待，是下八卦山大佛後，就去吃了那碗貓鼠麵。每場學生時代的旅行，其實都値得日後的書寫，倒不是爲了一碗麵的滋味。照美學家的標準，那碗麵多加了油蔥，湯頭油膩，夾了一片滷過卻不透的肉。那名字當然令旅人好奇，我隨口問道：「這眞的是老鼠肉嗎？」學妹促狹地笑，還是滿臉青春痘的年紀：「是啊，學長覺得好吃嗎？」我強忍鎭靜看著湯裡漂浮的蔥花，突然覺得自己應該是被捕捉的某種獸類，從胃裡升起的腥意。

我那個學妹姓蔡，現在當然可以講，在學校時同系學生一聞說她是我學妹，總吃吃地笑，可能是我們神韻有某種相似處，對她可能是悲劇，對我，唉，無所謂。畢業後我每隔十年會想起這個學妹，畢竟，我得跟她交代清楚，「嘿，我已經知道，貓鼠麵根本不是老鼠肉。」或許她已經不記得我們的那趟旅行，在大佛身軀內聽到的神祕腳步聲，或者那天那個綽號「老鼠」的老闆臉孔流下的汗滴。我放棄搜尋臉書前，總會聽到潛意識的暗角躲著一隻老鼠，咬囓我的神經暗自發聲：「誰會在乎貓鼠麵是不是老鼠肉呢？」

臉書的搜尋，狀若前意識的行動，有多少角色和往事的暗伏，以網路的術語則稱爲「潛水和浮出」。許多美食和味道直接挑逗視覺，閱讀臉書如同在米其林餐廳外觀看菜單，對不起，就只能看而已。但我從沒有遇到有網友提出和我一樣的問題，有一回，我忍不住發文：「彰化的貓鼠麵……」還有待下文分曉，已有人急急來按讚，我猜或許是彰化人吧，但我該跟一個彰化人說什麼呢？「其實我只在年輕時去吃過一次，而且一直以爲是老鼠肉。」記得店面陰暗狹窄，筷子擠在一個筷桶內，如同解嚴前每個台灣人的青春歲月。

多年後，到高雄的山區旅行，附近甘蔗田連綿成景觀，糖廠占據了鄉間最好的土地。夜間在小山產店用餐，老闆大火快炒，香氣衝鼻而來，我辨認出九層塔和蒜香。沒多久，一盤糊稠稠的肉類上桌，看來就像揉皺的瓦楞紙。我吃了一口，同行友人直誇：「多吃一點，這是老闆的拿手菜，三杯山河。」

我不覺有異，又覺這個菜名取得很文學，彷彿大口吃肉就把山河咀嚼在嘴裡，肉類的熱量化爲豪氣，很快又多吃了兩大塊肉。離開山產店時，在廚房看見小小的齧齒動物的模樣，但已剝皮去頭，已看不出是什麼動物了。老闆隨口跟我說：「都是附近甘蔗田捉來的。」他跟我保證，一定新鮮才下鍋，轉過頭一陣大火燃起。

我的結論：眞正取那個名字的不是，不叫那個名字的才是，我想你知道我在說什麼。這個發現足以讓莎士比亞在地底翻身，誰告訴他玫瑰取了別的名字，還是一樣的香？

那個味道其實已不甚記憶，如同多年前旅行的細節。這天，一個大學同學在臉書上突然談起：「你那個學妹姓蔡的。」我問：「怎麼了？」才說，她回到彰化，當了中學老師，後來嫁給了麵店的小老闆。我一愣問道：「是那家貓鼠麵嗎？」不知道，他說，那家麵店還在嗎？

遂想起美國作家史坦貝克的小說《人鼠之間》那句話：「當犁鋤翻起土壤時，老鼠將無生存之地。」在歲月的逃竄間，最後不將只是一碗麵，畢竟，歲月是貓，我們是鼠。

第2道　那年代的溫柔口感

離家五百里

先這樣吧。

來自Line的訊息，最後一句話，大弟這樣寫著。我會心一笑，以前在新竹老家，大弟講話，也常這樣的結尾。

這會兒，大弟在機場捷運九龍站外等候。我搭的飛機以拋物線的姿勢擲向雲端，熱氣拖在海洋上空，凝結成一條筆直的線，雲霧波動，即將如白色的巨鳥降在香港的繁華間。

這些年，常跟大弟說：「住在新竹那麼久，你怎麼能習慣香港的擁擠？」記得是去年在香港的相聚，隔著距離，藍色的渡輪悄悄滑過天星碼頭，星星落在中環的商銀大樓，大弟聳聳肩：「也不是一定要在香港啦。」但大弟隨著工作合約來到香港，恆生指數只有現在的一半，股票的跌落撞擊心跳，這一住已過十年。那就先這樣吧，我想大弟會這樣說。在南方繁華的小島上，殖民地建築猶帶維多利亞的微笑，九七後，解放軍守著紅旗，踢正步，看著遠處的船影。

走吧，大弟接過我的行李。這已是一種儀式，照例在我抵達的當晚搭乘纜車上太平山，大弟總說：「上了山，才感覺人到了香港。」纜車站擠進各國的遊客，隨後傾倒進傾斜的車廂，總督統治年代的標誌猶掛在車廂內。我占到一個位置，隔座是兩名韓國女孩，是她們第一次出國吧，興奮地端著相機彼此相望。我默然無語，感覺到車的衝力是在將我拉高還是倒退。再高，香港會走到哪裡去呢？再高，我將看見夜晚攪動的一片燈光，每盞燈就是一個故事，這個城市的故事總訴說不盡。

站在凌霄閣上，距離極遠也極近。視線內包圍著中國遊客和各種音調，極寒，冷風自昔日的殖民地襲來，隨時要復辟般的。我們已照過許多回的夜景，未料大弟問道：「怎樣，對香港有什麼感覺？」冷，說，從體內徹底發出的冷。

冷，我怎樣形容渾身的冷意。隔日，二弟從上海來，三兄弟在上環的市集餐館落座，「點什麼菜？」服務生操著濃濃廣東腔的普通話，「好像叉燒腸粉是我們的招牌。」她每句話都加上一個「好像」，好像不確定自己的意思。二弟說：「好像我胃不舒服。」轉念，「沒關係，就吃叉燒，爸爸喜歡的。」我們又點了爸爸喜歡的蘿蔔糕和牛肉餃，默默吃了幾口。周遭極爲嘈雜，香港的餐館好像找不到一個安靜說話的角落，大弟爲每個人添茶，一起舉杯，祝不在場的爸爸。

爸爸去世也十二年了，那天是他的忌日。十二年前，我們在告別式上相約，每年此日都要聚一次。香港是爸爸發病的地方，十年以往，三兄弟分別從新竹、上海來到香港赴這場約。在短暫的聚會中，分享三地的訊息，「媽媽還好嗎？」二弟問。我說：「她就是不喜歡坐飛機。」一家人的分離和相聚，繼而相聚又分離，拍下許多張照片，二弟開始講起上海台商的見聞，似乎那只是當代台灣人的一則奇遇。他提著一只裝滿樣本的皮箱隻身前往上海打天下，看盡冷眼，終於擁有現在的成績。二弟輕描淡寫，只撿好聽的話：「都熬過來了，」二弟說，「我總不能丟台灣人的臉。」

飯後，走回道路，噹噹電車倏地來到眼前，總督的戳章依然掛在車廂內，沿著軌道一直走去就可回去黃金年代，張愛玲穿著荷綠旗袍盈盈笑著，要在下一站上車。但電車鈴聲相連一片，又將我們拉回現代，車廂內坐滿從寫字樓釋放的疲憊臉孔。我跟大弟說：「坐這麼多次電車，我從沒有去過終點站。」大弟詫異地看著我：「我來這麼久，也沒有去過。」那麼，這條軌道眞的有盡頭嗎？車班向油麻地行去，兩旁退讓著世襲的牌樓和招牌，天空還是一樣的水晶藍，兩旁的路人向我們行注目禮。

我們只坐了十分鐘，電車突然停住，被前方的電車擋住，連司機也下了車。二弟把頭伸出窗張望：「塞車了。」前後共有九部電車塞在軌道上，動彈不得，像資本主義的一種隱喻。我們決定就在此處下車，告別前方月台的張愛玲了，我這樣想著。前方，就是中環的皇后像廣場，如此湊巧，好像是故意安排的，第一次來香港時我即納悶，「這個廣場怎麼不見任何皇后頭像？」那時大弟回答：「以前是有的，聽說九七大限前，皇后決定搬回英國。」加重語氣，好像代表香港要把殖民的歷史一股腦拋棄，九七那時，他還只是個新竹的中學生，制服總不扣第一個鈕扣。那座廣場的中央從此空著，迎接未來矗站的英雄。但可能英雄的提名資格過於嚴苛，也可能香港不再歡迎英雄，廣場於是一直空著。我難以抑制地想像，某個夜晚，中環的燈光曾經隨著總督的離去而熄滅。

於是廣場只剩下一座白色的和平紀念碑，冷去的火炬和徽紋，象徵帝國的光榮。原先爲紀念第一次世界大戰死去軍士而建，二戰後又納入更多戰爭亡靈。戰爭絡繹而來，堵在歲月的電車軌道動彈不得，還有人記得那些戰士的臉嗎？紫荊旗和紅星旗在遠處獵獵鷹視，大弟喃喃說道，他剛來香港時，常聽老人念著：「那年，香港淪陷了，日本軍隊進來了。」記憶停留在殖民和侵略的年代，算不上美好，只再度見證香港的老去。

香港淪陷了，掀起南方的漫天塵灰。那天，我們繼續跟隨殖民的遺跡和移動，三個兄弟分離而又聚合的命運，在撲面而來的黃昏裡，我遲遲沒能聯想起台灣。「讓人高興的是，」大弟說著，「資本主義還有剛出爐的波蘿麵包，外脆內酥。」還有兩面塗牛油的吐司，如星期天報紙頭條那般的膩嘴。我們走進文華酒店外的麵包店，店員用抱歉卻毫不退讓的語氣說：「唔好意思，最後一個麵包剛賣掉。」大弟指著籃子內的一排波蘿說：「不是還有嗎？」店員說：「那是客人預訂的。」大弟還不服氣，我拉著他走出來，低聲說：「資本主義的麵包都要預訂的。」

走啦，通向碼頭的隧道入口懸掛槲寄生，三個兄弟就如三根石柱。在英國，槲寄生是戀人親吻和許諾眞愛的信物，我看到一對情侶在植栽下徘徊，沒有要親吻的打算。想起那年的聖誕節，爸爸曾和我們經過隧道，要搭船前往南丫島，入口同樣是這盆綠色植栽，爸爸卻忘了許願。

走啦，該輪到我說話了。時辰快到了，我們攔部的士，走干諾道中，過金鐘，軒尼道，更多的隧道，更多的繁華和瘟疫般的車輛，駛向旺角的廣華醫院，爸爸最終的闔眼地，座落在一片滷味、叉燒和涼茶的店面前，飲食和疾病分列街道兩側，日夜輪轉永不停息，雙方各擁聲勢，互不退讓。我記得掛號窗口總排著長長的病苦群眾，爸爸的身軀從急診處推出時，坐在輪椅上的病患抬頭望我一眼。沒有更多的表情，始終就是我對這家醫院的印象。

剛開始，我們曾想依照台灣的禮俗上香，燒金紙，兩年後，二弟說：「跟爸爸說，我們都來了，應該就夠了。」隨後，我們只在約好的時辰來到醫院，各自默禱和想念。我默念招魂咒語，在漫起的人群裡，長日默默地流轉，二弟突然說：「應該去找米粉，爸爸最喜歡的米粉。」

但時辰將至，我們走進旺角街道，轉過彌敦道，想找到一包新竹米粉。在香港，此時才知這任務的艱難。大弟奮力地向店家解釋，中年老闆沉默良久，才對著我們搖頭。終於，在一家昏暗的雜貨店鋪上，看來有六十歲的老闆用生疏台語問道：「你們是新竹人嗎？」三兄弟一起點頭，有些心虛地，我們應該算是哪裡的人呢？那老闆從後方的食品櫃取出一包米粉，彈去包裝上的灰塵，「我這還有包米粉，想說早晚會有台灣人上門來買。」我接過米粉，掏錢，老闆說：「不用了。」

如同一場身世的宣告，「我也是新竹人。」在堪稱異鄉的旺角，資本主義各種顏色的流動，有個老新竹人藏著一包米粉，有多少年了，把心繫著，等待。我想，很想跟老闆說，對不起，我們來遲了。

我們眞的遲了，回到廣華醫院，更多的病患守在那個小小的窗口。救護車急促的鳴笛，突然停住時換來安靜的錯覺。大弟悄悄問道：「爸爸不會怪罪的吧。」我點點頭，想出聲安慰他，二弟接著說：「那就明年吧。」更細的聲音，一直就存在的，大弟說，先這樣吧。

先這樣吧。隔日二弟必須趕回上海，搭最早班的飛機。「我等這筆生意很久了。」二弟說。隨著台商移居上海的腳步，二弟已從候鳥變身為典型的巢居。我問：「什麼時候搬回台灣？」我總是不死心地這樣問。他聳聳肩，也學著說：「先這樣吧。」他總是這樣回答，提起行李走進九龍捷運站的閘門。

先這樣吧。「我這就要回去了。」我說，不確定這句話是向大弟說，還是對自己的告白。大弟點點頭，消失在三月的香港風景，接著香港只剩下一道布景。我一個人進海關，驗護照，向機艙口的空中小姐微笑，我將習慣且懷念一次孤獨的飛行。坐進經濟艙狹窄的座位，像是每個人在這世界合該分配的空間，我想起爸爸走後，三兄弟已有多久沒有回到新竹的老家，這個時代台灣人的命運，我將回去的是誰的家？

轉眼，機艙腹部發出巨大的肚鳴聲，一陣痙攣嘔吐，將一群疲憊的旅客吐向萬呎高空。飛越南海和海峽，昔年的黑水溝。座位前的小螢幕閃著光，記載這趟旅程的里程數：「五百里」，一個宿命般的距離。我突然想起兩年前在松山機場送二弟，二弟說：「好，我這就回上海了。」我說，堅定地說道：「你是去上海，不是回。」二弟笑笑說：「我在飛機上看到的，我離家只有五百里。」這個距離和數字從此盤旋在我的腦中，二弟說：「你知道的，有一首歌。」嘴中哼出曲調，我說：「我知道那首歌。」只是沒曾想到，那會變成三兄弟和故鄉間的一種隱喻，「如果你錯過我搭的火車，你就知道我已離開。」我們的命運一直穿插錯過，我始終沒有聽見飄散五百里的鳴笛聲。

彷彿一切都可回到爸爸去世前，最後一次過生日。秋日的新竹，護城河的水流如斯，還沒有人預知往後分離的命運。我們一起回想更小的時候，跟爸爸去曬米粉的往事。驕盛的陽光是場盛宴，九降風起的午後，斜坡上滿布皙白的米粉，如情人的髮絲。我們大聲鼓譟，要爸爸吹熄生日蛋糕，許願。爸爸滿口答應，大聲地說出他的心願：「我希望你們三兄弟都不要分開。」

許多年後，我終於相信，許願時不能大聲說出，只宜默然祝禱，當作與神明的約定。走過槲寄生下，一定要記得和戀人的擁抱，不然就將一再的錯過。千萬不要忘記。

下了飛機，傳封簡訊給兩個兄弟：「我們都曾是父親的光榮，爲爸爸預約矗立皇后像廣場的英雄吧。」覺得完成這件事，我才眞的要回家了。手指滑過手機，想像滑過天際上另一個五百里，先這樣吧。

印度甩餅和兒子

一個月約莫一兩次，這對父子會約去走路，往大安公園的方向，繞園的紅土跑道，四十多歲的兒子邁步走去，然後停下，等爸爸緩緩走來。

幾次以後，爸爸跟兒子說：「你這樣太快了，你要慢下來，別什麼都這麼趕。」兒子無奈苦笑，「我早就習慣這種步調了。」三十歲以後，他就用同樣的步調在過著他的人生，在職場上，身體和心態都要超過別人，用跑百米的速度趕搭車、跑客戶，時間絕對不能浪費，他一路地趕，趕過大部分的同事，終於得到現在的職位。

已經退休的爸爸看著他，說：「這樣好了，以後由我來帶路，你就跟在我後面。」起初兒子果然跟著爸爸的步調放慢了腳步，但總是維持不了多久，兒子就從超過老爸一點點，到超前一大段路，他又在爸爸的前頭等著，好像一顆不會覺得累的電池。

回家的路上走和平東路，沿路有許多台北著名的小吃。

在大排長龍的蔥油餅邊，不知何時開了一家小小的印度甩餅店，他記得以前這裡是家鐘錶店，現在三名印度人租下一坪大小的店，就開始賣起了他們的家鄉味。兒子匆匆走過，想趕快回去工作，爸爸卻在背後喚他：「等等，我想給大家買印度甩餅。」就是這聲呼喚，讓兒子在人生的路途上有了一次停頓的機會。

點了五份牛肉咖哩口味的印度甩餅，那三名正在聊天的印度男子，有一人起身開始擀麵皮，爲彷彿是翻過來用的鍋蓋加溫，雖然薄薄的麵皮一下就成形，兒子卻覺得好像已過了一輩子，他看著店裡另外兩個印度人，還自顧自地聊著，一度懷疑這裡不久前，還開著計算時間的鐘錶店。時間，在繁忙的台北一角突然慢了下來。

老爸耐心地等著，看印度人將麵皮放上鍋爐，捲進咖哩和肉，「再等等啊，」老爸跟他說，「這就是印度人的生活步調。」兒子心裡不相信，所有的印度人都是慢步調地過著日子，他卻想起在孟買看過的，匆忙大都會裡到處卻潛藏著一種悠閒的節奏，也許這是文明古國面對現代生活而不自棄的從容，慢慢地捲一份印度甩餅。兒子心裡想著，要能這樣生活，眞的需要一點膽量。

他們拿到甩餅，繼續走回家。老爸堅持：「這次眞的讓我走前面，你不准超過我。」兒子跟著爸爸的步伐，爸爸抬起腳，踏地，他也抬起腳，踏地，一步一步地跟著別人的，也是他所不熟悉的步調走路，他提著熱騰騰的印度甩餅，哼起一首慢板的旋律，從來未曾覺得，能夠和爸爸如此的親近。

梅乾扣肉的女兒

就應該是冬天時節，已經冷了，她爸爸就在灶頭上爲家人做菜，整個屋子都是香的，衆人期盼中，圍聚來吃飯扒菜。

已經是二十多年前的記憶，這家人團聚的情景已一去不返，讓這個女兒越來越懷念。她爸爸和媽媽都是河北保定師範學院的畢業生，就在保定的學校擔任教員，生下她和兩個弟弟。

那時，爸爸常爲她做菜，她印象很深的一道菜就是梅乾扣肉，在她的家鄉，這是相當平常的菜，來到台灣後，她才知道扣肉非常普遍地用在台灣人的菜餚中，扣肉講究的是火候，是以分來計算那塊三層肉熟透的程度。她記得爸爸在意的就是那個「扣」字，好像是用梅乾菜的酸甜，可以把一塊肥肉的油脂扣住，做成一道不搭軋的菜。中國菜裡有很多這樣的表現，像是梅乾和扣肉，或是她曾經見過的，許多在一起的丈夫和妻子。

她是結婚來的，又和許多中國配偶一樣離婚後，自己去找工作，但她的京片子又跟台灣人格格不入，台灣認識的友人和工作的同事常問她有什麼家鄉菜，有時她會下廚做道菜給同事吃，最常做的就是爸爸的梅乾扣肉，她一早去市場買梅乾菜和三層肉，先處理梅乾菜，讓味道出來後，就放進去蒸肉。總是到某個時刻，大概就是肉香味飄出來的時候，她就會想起爸爸。

她把台灣賺到的錢都寄回河北養家，打電話回家，退休後一耳重聽的爸爸來接電話，「姐姐啊，」爸爸好不容易搞清楚打電話來的是誰以後，總會不經意地透露出一個爸爸的關懷，像是梅乾扣肉的氣味，「妳在台灣過得怎樣，丈夫對妳好嗎？」她沒有跟爸媽說她已離婚的事，還說丈夫也是個教員，在台灣，就像回到家一樣。

那年，弟弟打電話來告訴她，爸爸中風的消息，她趕快請假趕回保定，陪著爸爸住院，爸爸看來氣色仍好，住院第三天就偷偷地跟她說想吃家鄉味。好啦，她回到久違的家裡的灶頭，也學著爸爸的步驟做了一道梅乾扣肉，偷偷帶進醫院，瞞著醫生護士給爸爸吃了一口。爸爸看著那道似曾相識的菜，似乎顏色和氣味喚起了他的回憶，他大大地嘆了一口氣，讚道：「姐姐啊，妳在台灣學到了一手好手藝啊。」她抿著嘴笑，「爸爸，這道菜是你教我的啊。」

沒有醫生可以解釋，也不會承認，一道又油又酸的梅乾扣肉竟有治療的作用，她爸爸住了沒多久就出院了，只是從此以後必須更長期地待在家裡。她回到台灣，雙親的餐點就由弟媳婦來張羅了，只是，她永遠相信，在父女間，有這麼一道菜，那是屬於她的。

榨豬油和兒子

台南市東區的郊區，以前還沒有那麼多的樓房，在這個兒子上學的路上，或是上童軍課在戶外時，有時會聽見從原野深處傳來淒厲的豬叫聲，那個叫聲讓他難以忘記。

他的爸爸，那時候是榨油班的班長。我們現在離那個年代越遠，越覺得那個年代的美好，那時候，豬油真的就是從豬的身上一滴一滴榨取出來的，那時候，也沒有聽過橄欖油、葡萄籽油這種國外的油種。但是，這個兒子那時候並不知道這些事，他只看到爸爸回家時渾身虛脫，滿臉都是油光的模樣。爸爸跟他說：「累啊，你以後可不要再跟我一樣榨豬油。」

兒子曾經去過爸爸工作的地方，怎麼形容呢？在棚子下的大鍋日夜生著火，榨油班也日夜輪班，將一疊疊的豬板油和豬肉丟進鍋內攪拌。那像煉獄般的火和景象，有時會變成兒子的噩夢，他也曾夢見爸爸生氣起來，要把他丟進油鍋裡榨油，當然，那一定只是一場兒子的夢。

兒子發現，當他聽見豬叫聲的那個晚上，爸爸會帶幾條榨過油的豬肉回家加菜，那種豬肉香酥焦硬，也沒有三層肉那般的油潤，卻是那個年代他少有的吃肉機會。他和弟妹一起搶豬肉，每個人都分得到幾片，但也捨不得吃，一碗白飯就切幾片豬肉攪一攪，殘餘的豬油就摻進了白米飯，香味四溢，從童年一直飄散到他的往後人生。「我覺得每個人在小時候，都應該要有那樣的體驗，珍惜著白米飯裡的一股香味。」他說，「如果你小時候吃過純豬油拌飯，以後，就再也沒有什麼味道能夠騙過你了。」

然而，那時候的他心裡卻產生了一種連結，以為屠宰場的豬叫聲和爸爸帶豬肉回家有一種關係，就有如心理學實驗裡，那隻聽見鈴聲就流口水的狗，當他在教室裡聽見遙遠的豬叫，他的胃就開始期待著晚上的肉油香，後來，變成他吃豬肉時，彷彿就會聽見豬叫聲，一聲比一聲淒厲。他從沒有眞的看見過那個屠宰場，想來已隨都市改建而廢除了，他已很久沒有再聽見豬叫聲了，就如我們離那個日夜生火的榨油班，也漸行漸遠一般。

他爸爸早已從榨油班退休，後來的年輕人嫌累嫌髒，榨油班的火早在幾年前停熄。最近的豬油事件喚起了爸爸的記憶，有時候會跟他說起榨油班的往事，爸爸說，那時候的豬肉都是從屠宰場來的，都是最新鮮的肉才來榨豬油。兒子問：「爲什麼？」

爸爸說：「大概那時候的人比較傻吧。」轉過身，說他要去睡了。

金針花的女兒

花蓮的傳奇音樂教師郭子究，每學期的第一堂課就在黑板上寫下八小節音符，如果學生能夠吹奏出這八小節，一整個學期的音樂課就不用上了，這就是知名的郭老師的八小節。

這個花蓮的年輕爸爸，沒有趕上郭老師音樂課的時代。他倒是跟隨過花蓮另一位傳奇廖老師，其實，只是跟著同學去的，廖老師家總像隨時都圍著一大群同學，也不是因爲她上的課，而是老師帶領著同學去認識花蓮的生態。透過多年前的一堂堂的生態體驗課，這名年輕爸爸說：「我很慶幸在求學的關鍵時期，有一個好的老師帶領我們去認識環境，讓我們知道，愛家鄉到底是什麼意思。」

花蓮擁有豐富的生態環境，絕對不能只是匆匆瞥過。當他當上爸爸後，仍沿襲著探索的習慣，帶著兩名讀小學的女兒到處去。兩個女兒將來一定會記得，有個大男人開著車，帶她們去過的許多地方，像七星潭撿石頭，在美崙山上認識植物，或是壽豐海邊的地景之旅。

爸爸養成了一種習慣，據說是從老師那邊習來的，他帶著一本筆記本，沿路記下所見所聞，所以也留下了豐富的紀錄。說實在的，女兒們有點怕跟爸爸在一起，從小學起，她們好像就有寫不完的功課，但爸爸還常會停下來，指著路邊的一株植物，問道「這是什麼科什麼屬，開的花是什麼樣子」這樣的題目，女兒答不上來時，衝著爸爸笑，爸爸也不急，但會等到女兒答出來，才繼續動身走路。

所以，每年八、九月，也差不多是開學的時候，父女一起上六十石山觀賞遍目金黃的金針花田，就像是父女間約定好的一場饗宴。在三百多公頃的金針田裡，沒有別的植物，也不用擔心爸爸突然出題目。最讓女兒高興的是，她們還可以吃到沿路攤販賣的炸金針花，雖感覺有些油膩，但能夠直接將金針花吃進嘴裡，是一種很浪漫的感覺。

每次，爸爸也會買一包金針花回去，不用問，媽媽也知道這三個父女上了哪裡，當晚煮一大碗金針肉絲湯。一根根的金黃如同記憶的結晶，記載下將來不會忘記的一場場旅行。

大女兒小學畢業前夕，爸爸帶著她上六十石山，望著山坡上陽光下的燦爛景象，跟女兒回憶起他年輕時遇到的老師，現在爸爸希望她將來也遇到一個好老師，如同金針花的顏色。爸爸說：「我要妳在畢業前，用金針花當題目寫下一篇兩千字的散文。」女兒大喊一聲，爸爸想起了什麼，說：「就當作妳的八小節吧。」

下山，女兒陷入沉思，駛向花蓮市區，爸爸心想，該帶著女兒好好認識這片郭子究愛過、回憶過的土地了。

刈包和兒子

屏東民族路夜市，有幾家賣刈包的攤位，有一家原本是賣糕餅的店，通常會在下午時段賣刈包，一疊蒸籠裡放著蒸熟的肉，通常是不肥也不瘦，數量也不多，如果來晚了，那就改天請早。

這個兒子其實也不太記得這家刈包的時段，想吃刈包，他就會去碰碰運氣，有一次眞的撲了空，摸摸鼻子，順便摸摸店外的小狗，就這樣回去老家。他老家在屏東，離民族路夜市不遠，所以就他記憶所及，最早也是爸爸和他來吃刈包的。爸爸就喜歡夜市裡的那股味道，還有那家的刈包從蒸籠裡端出來的新鮮肉感，搭配著兩片刈包濃厚的麵香。

有一個祕密，兒子絕口不提。他回屏東老家，如果不繞過去買幾個刈包回家，就沒有回家的感覺。那家的刈包有他獨家的回憶，讀高中時，他叛逆地頂撞爸爸，爸爸氣得甩了他一個耳光，父子整整一個禮拜不說話，後來卻是爸爸先跟他和解，他放學回家，桌上就擺著幾個刈包，還是熱騰騰的，好像剛從夜市小心翼翼地捧了回來，爸爸跟他說：「來吃刈包，吃了就割不開。」他一愣，作商人的爸竟跟他吐出了一句詩般的語句。刈包就是割包，但有些東西注定割不開，譬如父子。

成長這回事，其實就是他有很長的時間，一直回想他和爸爸的那場衝突，原本他只記得爸爸打他耳光時那陣灼熱感，但慢慢的，細節一再的溫習，他想起大考前和同學騎車去海灘夜遊，過了午夜才姍姍返家的往事，一回去就見爸爸悶坐在客廳，問他上哪裡，他頂了一句：「不用你管。」越想他就越覺得歉疚，但事過境遷，沒有人有必要，也不願再提起這件事。現在，他總是要買那家的刈包回家，看爸爸心滿意足地咬下一口刈包，代表著青春期的他，一句沉默的歉意。

他一直希望那家糕餅店繼續賣著刈包，在人潮洶湧的夜市邊，刈包繼續見證著人世間的分割和離合，割開的麵皮緊緊包裹著蒸肉、花生粉和香菜，他很希望人和人間也這樣緊緊結合。那年，他考上大學，和他初戀的情人走到了夜市，他們各自買了一個刈包，也各自咬了一口，其實他們也不算有什麼驚天動地的戀情，知道畢業後這一別也許就是天涯陌路了，他幽幽想起爸爸講過的那句話，囁嚅說道：「吃了割包，但吃了就割不開了。」那個女生看著他，點頭。

前事休表，差點忘記提起後來的事。他回屏東老家，順帶買了刈包，他老婆走上來幫他提著塑膠袋，總以爲，老公仍牽掛著他們很久以前共同經歷的往事。

龍眼乾和兒子

這個時節，進到台南東山，也許就會見到處處炊煙裊裊，瀰漫好濃的甜味，那其實是烘焙著龍眼乾的季節。

東山有一千多公頃的龍眼樹，收成後，就要造烘焙窯慢火細烘。那是極辛苦的過程，那幾天內，農人晚上幾乎都不能好好睡覺，要時時醒來注意火候，翻滾龍眼，才能烘出最完美的龍眼乾。這個兒子從小在東山長大，爸爸是小學的老師，他的姐姐和哥哥也在台南當老師，他是在烘龍眼乾的氣味裡長大的，但沒有想留在家鄉發展的打算。

他上學放學，都會經過一片龍眼林子，只是路過，有一次卻看見龍眼樹下站著一名白衣女的影子，還對著他笑。那時已近黃昏，四下無人，他拔腿就跑，想起老人家跟他說過的鄉野傳奇，在龍眼樹下的精氣匯集。他心中發誓，以後要離龍眼樹遠遠的，越遠越好。

他的身上有爸爸的樣子，連講話的神氣也像，小時候，爸爸開玩笑地說：「我們東山的龍眼乾都是用龍眼木烘焙出來的，本是同根生，而我就是我兒子的龍眼木。」兒子心想，一種叛逆的想法生起，「我爲什麼不能當一顆生鮮的龍眼，卻得被烤成龍眼乾？」

有機會自立，他眞的就跑得遠遠的，跑到一粒龍眼都無法想像的中國大陸，但還是教育事業。爸爸當然捨不得，每有機會遇到他，總會勸他回來，「東山做龍眼乾的人口越來越老化，年輕人都出外頭去了，有一天眞正古老的龍眼乾風味也會失傳。」兒子說：「我知道。」心內想著，我們家可不做龍眼乾。

爸爸又說：「就只剩一些老人家還堅持用古法細火烘焙龍眼乾，很多人都放棄了。」兒子說：「我知道。」然後父子就不說話了。

九月，已是龍眼收成的末季，爸爸帶著返鄉的他說要去龍眼林散步，他現在比較勇敢了，對龍眼樹仍存著莫名的畏懼，好像自己仍被童年的夢境驚嚇一般，但他不想跟爸爸說。父子倆走在龍眼林外的產業道路，爸爸先是探問他大陸的生意好不好做，還是不放棄的嘆口氣說：「有機會還是回來發展吧，你看吳寶春的冠軍麵包，就是用東山的龍眼乾做的，不是說留在家裡就沒有發展的機會。」兒子低著頭，誠懇地說了句：「我知道。」雖然，他已經買好了第二天的機票。

當然，雖然離開了，總是會有些東西留在家鄉的，譬如一個稱爲家的去向，或者龍眼樹上結實累累的龍眼果實，把甜味包覆在褐色的外殼。還有那個記憶，關於龍眼樹下的白衣女，兒子猛回頭，確定那天她並不在場。

油條和老爸爸

應該是四十多年前的事，台南後甲國中前是一條長長的路，兩旁皆長雜草，通向小小的眷村。那年，有一個中年人的身影，常騎著腳踏車，載著剛炸好的油條往學校去。順帶把前天福利社沒用到的油條帶走，因為他說：「不能讓學生吃不新鮮的油條。」

有三、四年的光陰，這個爸爸的大兒子和二女兒也讀這所國中，也吃爸爸親手炸的油條，油條通常拿來夾燒餅，也可單獨配豆漿吃。但是，兒子從不讓同學知道，他爸爸就是那個賣油條的。那包油條的報紙有時透著一層油光，有時油墨還黏在油條上，時間放久了，也難免顯得垂頭喪氣。

爸爸就是那種典型的老芋仔，當一輩子的軍人，退伍後卻窩在眷村做油條。在眷村裡，別人家的爸爸都是飛官、上校，有好幾顆梅花，但爸爸從來不跟孩子談軍人的事，除了會去跟舊日同袍喝一杯，當然每次也都帶上幾根油條。除此以外，每次兒子看見的爸爸，就是圍著一條骯髒的圍裙，滾著麵桿子，還有滿屋子飛揚的麵粉，會讓人窒息的少年歲月。

把麵粉糰交纏，下鍋油炸，爸爸從不讓兒子靠近，但唯有這個時刻，兒子才感受到爸爸的嚴肅，自從他們定居在台南後，爸爸沒有做過其他的工作，好像這個男人就注定是要來炸油條的。油條供他們讀書，上了大學，油條的交纏就有如父子命運的交纏。那個爸爸的個性也像是剛出鍋的油條，嚴肅得不能靠近嘴唇。

和許多眷村的第二代一樣，這個兒子和爸爸始終不親。外面的人說這裡是一群失敗者的集合，年輕時當兵的爸爸顯然是吃過敗仗的，但晚年後他組的這個家庭，算是勝利還是敗仗呢？

兒子倒聽媽媽說起一段往事：「你爸爸這輩子最大的成就就是這個家庭，本來他有機會調到左營去當軍官的，他卻決定退伍，留在台南，就是爲了不要錯過你們的童年。」爸爸確實沒有錯過他們的童年，就連少年直到上大學後，還依稀聽見那炸油條時油鍋作響的交鳴，但油條畢竟是一種冷下來就不好吃的食物，沒有人眞的想去保存一根油條的。

老爸爸留下的，唯有一根和麵糰的麵桿子，但只有這樣嗎？

多年後，老大回去參加國中的同學會，聽見老同學的聊天：「對於國中生涯，我最記得的兩個人，一個是在校門口拿著剪刀等女學生的訓導主任，還有每天騎腳踏車來學校的油條阿伯。」

是這樣被記住的啊，兒子噙著忍不住的淚，「我也記得。」他最後說。

潤餅和兒子

潤餅總是要吃的，特別是清明時節，潤餅早就和追思密不可分。但在南投斗六的這個家內，五兄弟和父母相聚，他們總是在吃潤餅，從清明吃到了中秋。

爸爸當然愛吃潤餅，而且自己做。薄薄的麵糊做成皮，依次放進各種材料，最傳統的潤餅一點也不馬虎，爸爸說，要放進蒜、蔥、香菜、雲苔和韭菜，稱作「五辛盤」，麵皮則調和這五種氣味強辛的材料。

爸爸說：「要加什麼料隨你，但這五辛料絕不能少，那就像家裡的團圓宴，缺一個也不行。」說這句話時，老大已經上了國三。五個兄弟差一歲，都上同一所小學和中學。可能再找不到一個家庭，像有五兄弟那般的辛辣了，他們在家裡吵，但好處是，需要胳臂一致向外彎的場合，五個兄弟都派得上用場。

有一次，老二在斗六街上單挑高中生，對方高他一個頭，他看看好漢不吃眼前虧，立刻打手機叩來四個兄弟，五兄弟大打出手，回家時臉上都掛了彩。爸爸也不說什麼，只說：「敢去打架，就有種不要喊痛。」所以五兄弟繼續在斗六街上打架，有一次就是老二和老三愛上同一個女生時，還胳臂向內彎著實打了一架，但知道那女生暗戀的對象其實是老大後，兄弟們就不曾再打過架。

和好的時候，就是爸爸媽媽張羅包潤餅，每個兄弟都分到了自己的料，終於坐下來吃著潤餅的時候。祖先傳下潤餅，在春天的時候吃，不僅代表追思，應該也代表和好，每個人都有一份，有什麼好爭的。

後來，爸爸去世後的第一年，五兄弟相約回到斗六包潤餅紀念爸爸，這時他們已不吵架了，但火氣依然辛辣，也許其實是這個老爸的基因遺傳，沒有一塊麵皮可以真正地包藏住辛辣氣味的。那天，住在台北的老四沒有搭上車，打電話說他會晚到一點，他們決定不等老四了，包好潤餅祭祀爸爸，照例擲筊請爸爸享用，但擲了三次都是笑杯，顯然爸爸還有牽掛。

老大靈機一動，問道：「爸，是潤餅少一味嗎？」原來香菜漲價減產，他們跑遍斗六的市場都買不到香菜，五辛真的少了一味，連擲三次，還是笑杯。爸爸的在天之靈，顯然很不滿意這樣的潤餅。

兄弟們無計可施，眼看也無法收場，還是老大想到：「爸，是少一位嗎？」默禱，擲筊，果然是聖杯了。這時候也堅持著團圓的意思，潤餅，包住了爸爸和五兄弟的心事。

他們把潤餅放著，放到飯菜皆冷，仍然等著，在斗六的黃昏深處，依循著爸爸的指示，等待另一位遊子的歸來。

太陽餅的兒子

那個兒子幾乎總在黎明即起，出門，背著書包去趕第一班的高鐵。每天，從台中到台北來讀建國中學。

這是誰的主意，也說不個準。很多兒子考不上建中的，他爸爸這樣跟他說，好像讀建中將來才會有黃金的前途。當然，他爸爸沒有讀過建中，現在也開了家不小的公司，但不知什麼時候起，他爸爸就這樣相信著建中的保證。

問這個兒子：「這樣車票不划算吧，爲什麼不來台北租房子？」兒子搖搖頭：「爸爸媽媽不放心，要我住在家裡，比較不會亂吃。」其實，爸爸媽媽不知道，兒子趕著上學時，時間來不及，常常從家裡拿一塊太陽餅，在車上就當作早餐吃。他從小就喜歡吃太陽餅，也許是台中人的緣故，還是因爲太陽餅變成了他是一個道地台中人的標記。

台中有很多家的太陽餅，許多老餅店經過父子相承，口味適應時代一再改變，但對一個道地的台中人來說，他們吃的是餅皮的香味，這點絕不會改變。這個兒子坐在車廂內，一個小時的車程，可以啃兩塊餅皮，有時候他會把餡留下來，捨不得吃，好像保留著爸爸看他的眼神。每隔一段時間，爸爸就會跟他說一些勵志成功的商場名人的故事，當然也包括太陽餅的創業故事，讓他怎樣也忘不掉的味道。

問兒子：「會不會想留在台中讀高中就好，省下通勤的時間？」兒子說：「當初是爸爸陪我上台北考試的，爸爸說上建中是我運氣好，很多人想念還念不到。」有一句話沒有說出口，兒子彷彿覺得，他這個建中是爲了爸爸而念的。

當立法院的學運意外讓太陽餅走紅後，第二天，班上同學起鬨要這個台中兒子帶太陽餅來請客。他一口答應，回家後買了三大盒太陽餅，他爸爸好奇地問他：「你吃得下這麼多太陽餅嗎？」兒子回答：「是同學要吃的。」爸爸還覺得奇怪，建中人爲什麼突然想吃太陽餅，爸爸的想像裡，總以爲三年的建中就是不停地讀書和考試，哪容得下小小的、代表從課業裡逃逸的太陽餅。

但那天，建中二年某班的教室裡，連老師都有一塊太陽餅，暫時忘記了功課和爸爸的眼神，也暫時忘記了即將面對的未來挑戰。班會決定，以後同學輪流帶土產來分享，立即掌聲通過。有同學說：「嘿，你就像是個追逐太陽的人。」每天，和太陽一樣的早起，帶著太陽餅趕路，兒子笑了，一個從國中起過著補習和考試歲月，一個台灣教改保證擁有卻遲遲沒能兌現，一個久違的笑容。

餛飩和女兒

那是很久以前的事，民國六十年代，台北市溫州街附近，夜闌人靜，就會響起一個叫賣餛飩的聲音，敲著竹槓子，沿街走下去。

那時師大夜市尚未成形，只有幾家牛肉麵店，台北街頭夜間也不甚熱鬧，溫州街這一帶深院大宅，其實也沒什麼人煙。這家女兒們就曾懷疑，這個賣餛飩的人肯定是特務，藉著沿街賣餛飩在打探情報。

她們的爸爸很兇，那時家中狀況也不可能有零食，她們就算想吃餛飩，也不敢跟爸爸說。記憶裡，爸爸兇起來的時候，還曾經將女兒用鍊子鎖起來，不讓女兒出門。那時的女兒們其實也不知道反抗，只是一個沉默年代的縮影。

但是，爸爸也有心情好的時候，會去叫一碗餛飩，分給四個女兒吃。那賣餛飩的返回店內，沒多久，就用腳踏車帶著食盒端來一碗熱騰騰的餛飩。一碗剛好有四顆餛飩，一個人分一顆，想多吃也沒有了，只能再喝點湯。女兒記得湯裡散發濃濃的油香味，顯然加了很多的豬油。

餛飩吃進肚子裡，一顆顆的都有得數。女兒們記得，爸爸買什麼都是四個，四雙襪子、早餐打四顆蛋，當然還有那碗四顆的餛飩湯，好像爸爸怎樣都不會偏心。餛飩的古字其實就是「混沌」，取它的形狀「包而未開」，就算有些什麼心事，都包藏在混沌的狀態，其實，也像是在形容這個爸爸和女兒們的關係，從「混沌」到變成美味的「餛飩」，需要一點時間，一鍋煮開的湯和豬油。

爸爸慢慢也老了後，女兒們聚在一起，回憶往事，那碗餛飩湯竟也是她們共同的回憶，畢竟，有多少時刻，妳能跟姐妹們一起喝同一碗湯呢？這時，女兒們才想起來，從來沒有人見過那個賣餛飩的，也沒有人知道那家餛飩店在哪裡？每次，都是爸爸開門去叫賣餛飩的，吃完後也是爸爸把碗拿出去，放在門外的碗總有人來收去。她們問老爸爸，但爸爸記憶不清，年紀大果眞慢慢返回「混沌」，也說不明白了，不過，一口氣就能吃下一碗四顆的溫州大餛飩。女兒們說：「也許那個賣餛飩的眞的是特務，也許根本沒有那家餛飩店。」

但吃餛飩是鐵一般的回憶啊，有一次，二女兒就在溫州街、雲和街、泰順街一帶繞，想尋找蛛絲馬跡，她在每家號稱老店的麵店前停留，如果那個賣餛飩的還在，應該也有七、八十歲了，如果店還在，也該是後代接手了。她頂著午後的大太陽繞著繞著，終於知道她想尋找的，其實是和爸爸的往日回憶。

咖啡和老爸

台北東區街頭上，早晨，爸爸帶著兒子去上學，經過超商，爸爸就會進去買一杯咖啡。店員剛開始會問：「要不要記點數，滿十杯送一杯。」他說：「現在點數卡氾濫，我帶回家，一下子就丟了。」店員說：「那就寄放在店裡好了。」每喝一杯，店員就幫他們蓋一個戳記，有點像是寄放在超商的日曆本。

那時兒子才十五歲，很想喝咖啡，其實是他什麼都想試一口。爸爸跟他說：「小孩子不能喝咖啡，等你十八歲再給你喝。」爲什麼有此規定，爸爸自己也不清楚。有著亞斯伯格症的兒子也許從青春期起，就想像著那黑黑的飲料，到底是何等滋味了吧。當然，兒子其實是知道的，爸媽放在客廳裡的咖啡常無端消失，他們都知道是誰的傑作。

咖啡從超商和街角出發，迅速占領了台灣人的心思和味蕾。做爲一種飲料，卻包裝賦予了夠多的氛圍和意義。從早期的孫叔叔到桂綸鎂，那種種意義，有旅人的、職場的，也有家人間的一種溫暖的寄託。最早的南美土著發現、嘗到咖啡豆的味道時，是不是也曾經急著帶回家和家人分享？這個爸爸常想，如果時光倒流，做爲歷史上第一個嘗到咖啡的人，他會想和誰分享？不知哪裡的廣告詞：「有人跟你分享，是一種幸福。」苦苦的咖啡，就會讓人想起這種事。

站在超商櫃台前，爸爸乘機給兒子機會教育，問他要點拿鐵、摩卡、義大利還是榛果，店員也一起附和。其實只有一台機器，卻就可以轉換出這麼多種的口味。兒子好像對每種口味都感興趣，跟著爸爸念了一遍，雖然爸爸最後點的總只是美式咖啡。

在這條上學路上，這對父子曾在超商裡度過兒子的十八歲，那天，他眞的幫兒子點了一杯，不用再偷喝，雖然，那杯咖啡其實是用點數卡換的。在台北的街頭，每天，都有兒子和女兒在過著十八歲，喝到人生第一杯屬於他的咖啡，苦苦的人生滋味。店員很厲害，一得知那天是兒子的生日，立刻鼓吹店裡的蛋糕，但沒有打折。沒有這樣的店員，這對父子的戲還眞演不下去。

這天，來了個新店員，他照常點了咖啡。店員問道：「有沒有點數卡，十杯換一杯。」他說：「有，但我不知道是寫什麼名字？」這才想起過了這麼多年，他們也沒留下名姓。

店員翻出一堆點數卡，找了一陣，說：「是這張吧。」點數卡上寫著：「爸爸和兒子。」恍然大悟，在這片尋常的台北風景圖內，他們是這樣被記著的。

初鮪和兒子

屏東東港，每到四月中旬起，由於黑鮪魚的迴游來到，開始熱鬧起來。光復路到日式木橋這一帶，海鮮餐廳和料理店林立，晚上點燃日式燈籠，東港就整個亮起來了，絕對是一名兒子如假包換的記憶布景。

這個兒子的家就在東港這條街上，開著一家小小的料理亭。他是個兒子，其實更像是爸爸的學徒。爸爸是傳統的日式男人，臉部的線條像是鋼刻的，永遠穿著廚師的白和服，在刺身台後面切著生魚片。小學徒從小學放學後，就跟著爸爸學做生魚片，爸爸從不對他笑，每當他做錯了步驟，就寒著臉色喝叱。兒子拿著刀順著魚肉的紋理再切一次，偷偷瞄著爸爸的反應。做對了，爸爸也不應聲，回頭切他自己手上那塊魚肉。

「刺身」是日文，他當然知道意思，但每當他見到爸爸終日站在料理亭後孤獨的身影，有時候總覺得，「刺身」形容的是父子間就像長滿刺的關係，爸爸對他的訓練非常嚴格，簡直到了虐待的地步，媽媽跟兒子說，爸爸年輕時吃過同樣的苦頭，才成爲一名刺身師傅的。兒子問道：「就因爲爸爸吃過那麼多苦，所以做他的兒子也必須吃那麼多苦嗎？」吃那麼多苦，只爲了切一輩子的生魚片？

媽媽說：「就怕你吃了很多苦，也沒辦法學到你爸爸的獨門絕藝。」那天的談話，始終讓兒子很受傷，爸爸在料理台上的喝叱越來越兇，他眞想有天要離開東港，再也不碰生魚片。

東港的年度盛事就是初鮪，第一尾黑鮪魚的拍賣，隨後就有老饕爭先恐後上門，要嘗當季的第一口滋味。年復一年，那種事情當然輪不到小小的料亭。但有一年，標售到初鮪的老闆提著魚肉上門，「嘿，這塊黑鮪值得你嶄露一下刀流吧。」爸爸嘴角一動，像武林高手遇到了寶劍，兒子從沒有看見過爸爸會有這樣的神情。

那天，全東港的人都來了，光復路上靜寂一片，屏住聲息，看一名刺身師傅展現畢生的手藝，兒子挨在角落，看爸爸用手帕蒙上眼睛，輕聲地跟他說：「小刀拿過來。」那把刀是兒子負責磨利的，他遞過時手不禁顫抖，爸爸拿著刀，拍拍他的手，說：「別緊張。」他幾乎以爲見到爸爸的微笑，隨即轉過兩道弧線，砧板上的黑鮪魚已切成片，大小均勻，紋路清楚。那天，整條街都在爲爸爸鼓掌叫好，那天，是這對父子的勝利。

那一刻，兒子終於知道媽媽在感嘆什麼了，他已決定留在料亭，在也許眞的就屬於他的角落，繼續發著一個兒子的光熱。

烏魚的兒子

雲林口湖，一個不會讓人認錯的地方，靠近那方圓，感官就全是烏魚子，此地稱得上是烏魚子的原鄉。好像，這個兒子就出生在烏魚子的懷抱，他從小就在曬烏魚子的廣場遊戲，自然也熟悉每個環節。

口湖的烏魚子做工精細，經長期的日曬，還得仔細經過挑選、呵護，每塊烏魚子上還連著腹肉，代表魚的新鮮度，確實是趁魚還活著時現剖。但是，這個兒子最轟天動地的問題是七歲時他問爸爸的：「烏魚子是烏魚的兒子嗎？有沒有女兒？」任何生物老師都可回答這個問題，那年他爸爸儘管做了三十年的烏魚子，還是第一次想過這個問題，爸爸的公式答案總是：「走開，別在這裡礙手礙腳。」

兒子沒有得到他想知道的答案，他還很納悶，村裡的大人小孩全叫他「烏魚的後生」，因爲他爸爸渾身黝黑，外號就叫「烏魚」，所以，兒子一度以爲，「烏魚子」就在叫他，和爸媽間連著一塊肉。

爸爸年輕時出過海，是條漢子，三十多歲回到口湖做烏魚子。他這一代的爸爸把教養孩子也當成了製作烏魚子，要瀝乾水分、曝曬等嚴酷考驗，才可得到一塊上選烏魚子。兩個兒子小時候，只要有別家大人、老師上門和媽媽講著話，爸爸就以為兒子頑皮搗蛋，一掌呼嚨下來再說。受委屈時，兒子會投向媽媽，媽媽總是切一片烏魚子當作安慰，所以，總也離不開烏魚子。

有一次，連小學校長也遠遠地上門來，校長在口湖地位隆高，顯然兒子闖了滔天大禍，這個爸爸一手拿著最好的烏魚子準備當賠罪禮，另一掌先打給校長看再說，校長急忙高喊：「掌下留人，你兒子要代表口湖去縣裡參加演講比賽啦，我是來徵求家長同意的。」

如果，製作烏魚子就是一種教養的方式，難道就只有這種吃法嗎？兒子也一直這樣相信，他承傳了爸爸的脾氣，自己當上了爸爸，也是鞭子主義的奉行者，把兒女當成了烏魚子般的對待。直到他去過一趟希臘的克里特島，一個希臘神話的原鄉，克里特島的漁民將烏魚子封存在蜜蠟裡，吃時需撥開做成沙拉或者其他料理，吃起來頗有起司的味道。

這個兒子如獲至寶，買了一塊蜜蠟烏魚子帶回口湖，在曬滿黃澄澄的烏魚子的口湖鄉，卻好像穿別校制服的轉學生。兒子切了一塊烏魚子給退休後的爸爸吃，說：「我們也可以這樣做啊。」年邁的烏魚看著他的兒子，心裡卻想，這個兒子眞的是我生的嗎？

牛舌餅和兒子

彰化鹿港往兔子寮的方向，可以看見那座大風車的地方，有一家老招牌的牛舌餅店，生意極好，只要牛舌餅出爐，店前就有長長的人龍，晚來買不到，只好明天請早。據說早年這裡的人家都養兔子，如今卻以牛舌餅聞名。

但是，這個兒子怎麼記得牛舌餅的滋味呢？原本，他們家在那裡傳下一塊祖田，世世代代都靠種田養活一家，小時候，爸爸就跟兒子說：「兒啊，以後這塊地就傳給你喔。」兒子也一直以爲他以後就也是要種田的，但政府要開發工業區，徵收這一帶的田地後，他們這家的命運也隨著改變。從那時候起，爸媽和農民一起參與抗議，有活動那天，家裡沒人做飯，他放學回家和弟弟妹妹一起等著，爸媽回家時拿著一包牛舌餅，就是兔子寮那家名店買來的，爸爸還說：「來，一人一塊牛舌餅，每個人都有份。」

一口咬下去，有濃濃的麥芽糖，烘烤過的餅皮厚實飽滿，塞滿整個嘴巴都是烤過的香味，據說是唐山來的師傅經過多年研發出的味道，是這個兒子童年極少數幾次的特殊風味。以致這個兒子在漫長歲月中認定，只要是好吃的餅，就一定得是這種感覺，他甚至認定，盡職的父母親，就是會帶牛舌餅回家的這種才算。

有這種感覺的還不只是他，有一次，弟弟就跟爸爸說：「爸爸，你什麼時候還要去抗議？」言下之意是，有抗議就有牛舌餅可吃。爸爸卻將弟弟摟進懷，一連唉聲嘆氣，弟弟可能要很久以後才想清楚，只是想吃一塊牛舌餅，爸爸爲什麼非得這麼難過？

還有一次，就只有那麼一次，爸媽帶他去參加抗議，大人們負責在前頭喊口號，他綁上一條黃布條，緊緊地跟著媽媽，不敢離得太遠。活動結束後，路過餅店，照常是長長的人龍，爸爸說：「要不要去買牛舌餅？今天家裡不煮飯了。」兒子搖搖頭，有這麼一刻，他一點也不想吃牛舌餅那麼甜蜜的東西，卻只想吃媽媽從田裡摘回來的菜，在那一刻，這個兒子長大了。

那個年代，沒有太大型的農民抗爭，也引不起媒體注意，最後工業區定案，田地被徵收，他們搬離老家，用補償金在鹿港天后宮旁邊開了一家小餅店，也開始賣起牛舌餅。那個時候，爸爸跟他說：「無論是一塊田地，或是一家店，或者只是一塊牛舌餅，我都會傳給你。」爸爸的心意，兒子要再過幾年才開始體會，讀完大學，當兵回來後，他接起這家店的生意，在天后宮前面對絡繹不絕的香客。

龍葵的兒子

石碇的皇帝殿，開著雜花的山坡，但只要俯下身尋找，就能找到一叢叢隱密的烏甜仔菜，看似毫不起眼的野菜，卻包藏豐富營養。

是爸爸教他怎樣辨認野菜的。那時候，這對父子常來皇帝殿摘野菜，時間尚早，田野的草地布滿露珠。有時霧眞的很大，彷彿天地間只能辨認這對父子，他們就停下來，喘口氣，兒子的背包全是野菜芳香，等待霧散去，爸爸的聲音在霧中發散，「別急，那些菜不會跑掉的。」這句話隨後影響兒子的一生。

摘了野菜，是要去賣的。趕早市的石碇市場，這趟父子的行程也累積了固定的顧客群，有家庭主婦每周二早上必來買烏甜仔菜，要回去熬粥給大大小小吃。烏甜仔菜就是這個價錢，從三把十塊錢賣到一把二十五元，爸爸說：「總是要反映物價的。」但有些東西其實無法計算成本，比如說，一個少年陪伴父親摘野菜的歲月。

烏甜仔菜也就是龍葵，是台灣常見的野菜，遍長在溝渠和山坡上，黑中泛著綠意。但也許由於耕種價值不高，它總是那樣的漫漫長著，卻成爲台灣人難忘的野菜種類。在廢棄的耕地上，特別見得到烏甜仔菜茂盛的身影，它吸取土壤剩下的養料，但只要開過花，植株就會變得苦澀。這樣寫著，差點以爲，是在寫關於一個人的生命故事。有時候，一個孩子只要一點點剩下的養料，不需要太多的照顧，也能長得好。

但是，沒有太多人記得龍葵這個名字，總說那是烏甜仔菜，多像這個兒子啊，從小沒有人叫他的名字，提到他總說：「那個野孩子，不知野到哪裡去了。」野孩子當然有野孩子的春天，他不愛讀書，在學校老師把他當成壞學生，但爸爸由著他去，他國中沒畢業，一度要跟著中輟生去混官將首，少年隊都找上門了。但爸爸還是不太管他，說：「他跟烏甜仔菜一樣，不要別人去理他的啦。」兒子也不知道，爸爸爲什麼對他這麼信任，但因爲爸爸的信任，他始終沒有眞的變壞。日後，他以同等學歷考到廚師的丙級執照，在台北市長春路一家小餐館擔任廚師，麻油龍葵就是他的拿手菜。

大火冒煙，龍葵進鍋快炒，麻油的陣陣濃香透出，這個長大的廚師就會回到皇帝殿的清晨，霧還沒有眞的散去，一年跟著一年老去的爸爸帶著他在前頭摘野菜，是的，人必須彎下腰來才能摘到野菜，必須接近土地，才能像這個爸爸爲他做過的，眞正欣賞兒子身上的那個野性的價值。

白菜粥的兒子

新竹東門市場，有一家遠近馳名的鹹粥店。名聲散播到多遠無須細究，近的像這個市場附近的居民，都一定知道這家店，固定會來吃一碗由這個爸爸熬的、舀的鹹粥，熱騰騰的一天才算開始。

爸爸站在鹹粥攤前時，還只是個兒子。他從他爸爸手中接下這爿鹹粥攤，想去的話不難找，因爲攤子標榜「三十年老店」。電視新聞報導過，他每碗鹹粥的製作剛好是十七秒。每天的程序都一樣，隔夜先用白菜和大骨熬湯、煮粥，吃時加入肉片、蝦米和魚肉，灑一把芫荽。

這碗鹹粥所以好吃，祕訣在於白菜，他的爸爸跟他說的，那時的總統一直都姓蔣。白菜跟什麼菜、湯汁都合，本身有股甜味，「家庭裡面，白菜就是和事佬的角色。」爸爸一直記得他爸爸說的這句話。他這輩子，不管在家人還是朋友間，都是一顆稱職的白菜。

爸爸恐怕沒有想到，有一天，他竟然會在立法院外的馬路煮白菜粥，當太陽花學運開始，女兒跟他說：「哥哥去立法院了。」爸爸大吃一驚，在他這輩人的想像裡，國會殿堂是何等神聖的地方。那天，他早早收起生意，捧著一顆白菜搭客運上台北。在幾千個人潮圍攏的場地，外頭的同學不讓他進去。

爸爸說：「我是林同學的爸爸」，說了兒子的名字，即使在國會殿堂前，爸爸這個身分同樣的神聖。同學幫他廣播，沒多久，頂著光頭的兒子出來見爸爸，一開口就問：「爸，你帶顆白菜來做什麼？」爸爸當下哭了，緊緊抱住兒子，兒子二十幾歲來從沒有給爸爸抱住。

兒子說：「爸爸，你別擔心，我們會好好照顧自己。」爸爸還是一臉憂容，後來總算說道：「讓我爲你們做一件事吧。」兒子搔搔頭，看著那顆白菜，「爸爸，」兒子說，「煮一鍋白菜粥給大家吃吧。」

接下來的過程，是不是可稱爲「埋鍋造飯」？米和調味料都有人送來，連鍋子也是現成的，那顆白菜，是爸爸特地去東門市場買來的高級貨，升起火，米和白菜參與了民主的洗禮。爸爸和兒子都融在那鍋粥裡。

在這麼奇怪的地方，爸爸煮粥，兒子一勺勺、一碗碗地端給一張張年輕熾熱的臉孔，回到新竹老家，兒子可從不做這件事。兒子私下算了一下，盛一碗粥的時間，剛好就是十七秒。最後的兩碗，留給了爸爸和兒子，他們都吃到了白菜的甜味。

唉呀，新竹東門市場的這家鹹粥店，從此就眞的不負「遠近馳名」的盛名。在遙遠的立法院外，這個爸爸和兒子一起吃過。

蚵的兒子

還在台北當記者時，他時常去圓環夜市吃蚵仔煎。有一次，他讚蚵仔當令又大顆，老闆自豪地說：「我家的蚵都是東石來的。」他接腔說：「我也是。」老闆尚未意會，他連忙解釋：「我是正港嘉義東石人。」

他做了好幾年記者，卻異常懷念家鄉的蚵。東石到處都聞得到蚵的氣味，房舍前堆著一座座像小山的蚵殼，一條主要道路邊的炭烤和蚵仔煎的味道更屬一絕。他一直覺得台北的蚵仔煎，吃不到東石的樸實和老實，有時候，他覺得南北兩地的人情和親情，也有很大的差別。

台北人到處吃得到蚵仔煎，應該不會有爸媽帶著孩子在家裡自己做蚵仔煎，這個兒子卻深深記得，小時候他和媽媽做蚵仔煎，媽媽任他攪拌所有配料，撿好的茼蒿菜丟進平底鍋，是他小時唯一的遊戲。

他也懷念離家不遠那條溪，黃昏白鷺鷥飛起的情景。懷念爸爸和他在溪邊散步的記憶，那時爸爸常感嘆，村裡沒有建設，沒有人整建這條溪流。爸爸的怨嘆變成他轉變生涯的動力，這一年他回到東石，買了兩條龍舟和四艘獨木舟，帶領官員來體會溪流的風景，爭取整建溪流的經費。

爸媽其實捨不得他回來，一般人不都應該留在台北發展嗎？兒子卻覺得他不僅是在幫家鄉，而是想圓一個爸爸和兒子的夢。他讀高中時某個黃昏，不擅言詞的爸爸無意中說了一句：「今天跟兒子去溪邊散步，眞高興。」整建溪流的經費其實總不夠，兒子和鄉人就用當地現成的蚵殼裝飾堤防牆壁，彩繪上漁村風景，讓蚵仔從裡到外都有實際的用途。

蚵仔煎其實是台灣歷史悠久的吃食，有一說最早可推到顏思齊和鄭芝龍，所以稱得上是海盜的食物。也有一說，是鄭成功部隊帶到安平的做法。然而，還有個版本是，當時海邊漁村窮苦，爸媽爲了讓孩子吃得營養，就用當地最常見到的蚵仔，混入他們手邊所有營養的食材，用一個最簡單的方法做出了食物，使用的番薯粉在當時比米更容易取得。內容和食材也許演變了，最初父母的關愛卻一直長存。

東石的爸爸媽媽們，還在家中爲孩子做蚵仔煎嗎？他經過那家阿春小館，看見長長的排隊人潮，偶爾會想著這個問題。但在東石，孩子和媽媽一起坐在地上剝蚵殼，卻已是長久的傳統，孩子們身上的營養，當然早就不用靠蚵仔來提供了。兒子想著，這就是一種時代的演進吧。黃昏，這對父子沿著溪流邊的堤防散步，一路無語，走到了溪流的轉彎處。

娃娃菜女兒

南投國姓鄉是個群山擁抱的寧靜小城，境內到處是草莓園，咖啡樹也成爲主要作物，從九二一的巨大傷痕，恢復昔日的美好蒼翠。就在草莓園邊，座落著一座美麗莊園，種植五葉松和各種植物，當初是由三個好朋友買下這塊地，整建莊園，把這裡稱爲他們的家。

九二一地震後，許多人選擇離開國姓鄉，這三個好朋友卻決定返鄉。那時周家的女兒才五歲，跟爸媽回來時，一點也不適應沒有公車、晚上只有蟲聲的生活。女兒跟爸爸撒嬌：「爸爸，我們什麼時候才要搬回台北？」爸爸露出笑意：「等妳十六歲，還是想回去，我就帶妳回去。」

女兒滿心不情願，住在鄉下到底有什麼好？有一天，女兒看見三個爸爸們在屋後鋤土整地，靠近去，陳爸爸向她招手：「來，我們要種娃娃菜。」蔡爸爸附和說：「應該給妳種，娃娃種娃娃菜，名符其實。」爸爸們笑成一團。她紅著臉，也沒有細想這句話的含意，就把爸爸交給她的種子撒進土壤，女兒生平第一次做這種事，但絕不會是最後一次，因爲她喜歡賦予生命的感覺。

娃娃菜其實就是微型的大白菜，但好像也不能說是大白菜的娃娃，像和父母長得很像的兒女，卻不一定有一樣的個性。這種菜原產於雲南，飄洋過海來到台灣，當時在南投還算罕見，所以種成後，一時間也不知如何烹調，當成大白菜清炒、煮湯，但味道又嫌苦了一點，娃娃菜畢竟不是大白菜。女兒剛開始也不喜歡吃娃娃菜，爸爸跟她說：「妳這個小娃兒長大成女孩後，也不會有人看出妳曾經是一株娃娃菜。」

後來，種娃娃菜的人越來越多，從鄉間到城市的市場都有得賣，那時女兒心裡盼望，有一天，她也要跟隨娃娃菜的路線，離開爸爸們的莊園，回到城市生活。

在國姓鄉住了十多年，陳爸爸和蔡爸爸相繼生病過世，只剩下周家人還住著。女兒離開鄉下，到城市求學、工作，還談了好幾場戀愛，偶爾會在台北南門市場附近的餐館叫一盤清炒娃娃菜，還是苦，有點像是人生的味道。她總是會想起在三個爸爸凝視下，種子脫離她的小掌心撒向土壤的感覺。也許最後只有她自己知道，她要將自己撒向哪一塊土地？

女兒越來越常回去國姓鄉，屋後的菜圃卻早荒廢，爸爸說：「娃娃已經長大了，娃娃菜就沒人照顧了。」她聽懂了爸爸的感慨，帶來一把種子，鋤土，撒種，期待另一片新綠的生機。

碗粿的兒子

道路還未拓寬前的台南市東安市場，在戲院旁邊，一直有個小小的碗粿攤，老王和他中度智障的兒子，守著這個角落。

用的是青花碗，一個個疊在攤位上。老王在家裡自己蒸碗粿，再推著車到市場來賣，他兒子總忠實跟著。和台南赫赫有名的小南門、蔡記碗粿比起來，他的碗粿口味偏淡，但也老實地加進了瘦肉和蛋黃，在攤位前站著吃碗粿，兒子會幫客人加醬油膏，有時候加了太多，爸爸就出聲喝止，還連聲跟客人賠不是。兒子努力學習做碗粿，從把米漿放進碗內，添瘦肉和蛋黃，別人覺得容易的任務，他卻費盡了功夫。爸爸也會幫兒子糾正錯誤，最後放進蒸籠的手續和火候卻由他自己來，於是，一碗碗看來簡單的碗粿，藏著這對父子淡淡的卻又深固的情感。

等到下午市場收市後，老王騎著單車，車攏上掛一個鐵桶疊著碗粿，沿著東區的巷弄叫賣，在午後的長榮中學圍牆邊，那時就會聽見一道滿是滄桑和年歲的聲音喚著：「碗粿——」客人聽見了，跟他買碗粿，他停下來幫你倒醬油膏。等吃完，把碗放在門口，他隔天來收。

下午，兒子沒有跟老王出來，也許是在家跟媽媽在一起，也許有許多個也許，但吃碗粿的客人也不太知道這家人的故事。問老王：「你兒子怎麼沒有跟你出來？」明明早上都跟在碗粿攤邊的，老王用低沉的聲音緩緩說道：「他，他還不會啊。」不會騎車也不會坐腳踏車，出不得門。這聲不會，卻是許多父母對身心障礙孩子的共同心聲，像一碗碗的碗粿，蒸好後卻有著幾乎一模一樣的滋味。心裡又想：「那什麼時候才會呢？」

碗粿是發源自閩南的傳統小吃，卻變成了台灣的家庭美食，從南到北，有著多少的「台南碗粿」的招牌。碗是每個人家必備的器具，而且絕對不只一個碗，最早想到用家裡的碗來盛米漿、蒸碗粿的人，肯定頗有家庭意識，如果是代表爸爸、媽媽、兄弟姐妹的碗全擠在一起，蒸熟成甜美的食物，「別爭，每個人的分量和味道都一樣。」吃著碗粿，就會想起曾經用過的碗，那會不會是碗粿最起初的心意呢？

巷子裡叫賣的碗粿，那個碗卻是要回收的。許多年後，老王已邁進七十歲，偶爾仍會聽到午後他那不變的叫賣聲，沿著歲月滄桑傳過來。你就會看見老王騎著腳踏車，提著一個鐵桶的碗粿，他的兒子默默走在後面，幫忙收門口的碗，當客人捧著熱騰騰的碗粿時，幫忙加醬油膏。

第3道　忘不了的光陰之味

銅鑼燒媽媽

不得不相信緣分是注定的，像她，原沒有想到會走進婚姻，那年卻在天母棒球場，邂逅一個戴著粉紅色手套的青年，他們講了幾句話，戀情展開，緣分終成正果。

如果故事只到這裡，我們就只會有喜餅可以吃。這個新娘一直在某教團工作，她承認工作壓力極大，婚後一度害喜，最後卻還是流產了，新郎認為是工作環境的關係，跟她說：「沒關係，我們一起努力，明年生個小寶寶。」這句話當然也不能算是錯的啦，但住在宜蘭的公公婆婆卻比他們還著急，因為這是家中的第一胎，帶著媳婦到處拜廟，走遍了所有有送子觀音和娘娘的廟壇。

他們回去宜蘭探望老家，男方媽媽免不了都把話題圍繞在媳婦的肚子上，有時還要媳婦把工作辭掉，但這是她大學畢業後就進去的第一份工作，歷史系畢業的她喜歡經營網站的感覺和成就感。接下來，男方也得來加點油了，他們時常經過宜蘭光復路的那家圓燒銅鑼燒店，店門口站著一尊藍色的機器貓小叮噹，這個名字是夫妻兩人的共同回憶，後來她愛上拉拉熊，到處蒐集拉拉熊的商品，大概就出於同樣的心態。丈夫指著圓燒那圓圓的招牌說：「將來等孩子出生，我們就來訂這家的銅鑼燒，請親友吃。」

照丈夫的說法，圓燒的招牌就是銅鑼燒那圓鼓鼓的筆畫，很像懷孕的樣子，再者，看機器貓小叮噹長大的這一代，誰不喜歡吃銅鑼燒呢？妻子差點沒說出口：「我第一眼看見你戴著粉紅色手套，就像漫畫裡老被欺負的大雄，我就很想保護你。」機器貓小叮噹也就是下一代熟知的哆拉A夢，但不管取作哪個名字，我們一直很想知道，那未來的未來，銅鑼燒會是什麼樣的味道？再者，機器貓那裝滿精細機器的胃，怎麼容得下銅鑼燒？

那一年，他們真的很努力想當製作人，又經歷了一次流產，但妻子說什麼也不願放棄，不知道機器貓圓鼓鼓的口袋可以掏出什麼樣的法寶？銅鑼燒究竟代表一個願望的縹緲還是終於有人聽見了孩子的呼聲？她到觀音廟拜拜，有時候也對著機器貓小叮噹的偶像許願，那個願望總是如出一轍：「請讓我早點請大家吃銅鑼燒。」

那兩年，願望遲遲沒能實現，直到年底才傳出了懷孕的好消息。不過，寫是這樣寫，如果問我，我會說我已過了相信機器貓小叮噹的年紀，雖然我一直夢想擁有一支竹蜻蜓，我知道後來宜蘭的那家圓燒接到了訂單，有一個年輕男子上門來，訂了十盒銅鑼燒。有一個女人，千辛萬苦當上了媽媽。

桑椹和媽媽

這個世界上，哪種水果最容易腐壞呢？

聽說兒子貧血，這個媽媽想去買桑椹，說可以補血。媽媽四處打聽，找到Costco和微風廣場的超市，買到一盒幾百塊錢的桑椹，深黑色的果穗有微軟的突起，放在塑膠盒內立刻就有不凡的身價。媽媽欣喜若狂，買下兩盒帶回去。一盒給兒子當著她面吃下，另一盒冰進冰箱。

才過一晚，媽媽帶著桑椹去給兒子，兒子只咬了一口，皺著眉說：「這顆已經酸了。」媽媽說：「奇怪，我明明就冰在冰箱裡的啊。」經過這番折騰，他們才知道桑椹是如此容易腐壞的水果，媽媽感嘆：「難怪我們吃到的都是桑椹做的果醋和果凍，在都市裡，根本吃不到新鮮的桑椹嘛。」

怎麼辦？媽媽想起鄉下的老家前有一株桑樹，平常雜處在眾花樹間，並不顯得起眼。如今老家人事已非，媽媽的爸爸媽媽相繼去世後，只有弟弟，也就是兒子的舅舅住在古厝。媽媽打了一通電話，舅舅頗驚訝這些城市人竟然想吃桑椹，「那些桑椹沒人要，熟了後就掉落一地。」

於是，這趟桑椹之旅就是免不了的了。趁著清明節年假，一行人浩浩蕩蕩回南部的老家。媽媽站在老家的埕前，回憶起前塵往事，有句話說：「爸爸媽媽已不在的家，已不再算是家。」她覺得越來越接近眞理，什麼時候，還能爲了吃到桑椹而回去一個家？

那棵桑椹比印象中還矮，簡直就像趴在莊園的一角，結滿紅色的果穗眞的就是一粒粒果樹流出的血，轉成深黑熟透即掉落，那又像是土地的眼淚了，應該是喜極而泣的意思吧。都市長大的孩子從沒有看過桑椹結滿樹枝的模樣，他們採下所有找得到的桑椹，媽媽擔憂地問道：「會不會摘了太多？」舅舅回答：「放心，桑樹就像是傷口復原，沒多久又是一樹的深黑。」

告別，捧著一箱的桑椹回台北，吃桑椹這件事，根本就像是跟時間賽跑。他們要在隔夜桑椹變酸前，把吃不完的桑椹加入冰糖熬煮，桑椹在煮沸的鍋裡就像是一盆血，面對那番景象，所有人都停止了呼吸，感覺就像是血液在血管裡沸騰起來。

終於，有人說了這樣一句話：「不管是做成果醬、果醋，或者是單純的汁液，桑椹永遠就像是一齣童年看過的戲，那樣的難忘。」

一大桶桑椹現在就冰在冰箱哩，找到了不讓時間變酸的方法，就是一番徹底高溫的熬煮，這難道不是一種人生的譬喻嗎？到頭來，一切都是爲了這個兒子的貧血毛病。

難道，這個世界上，最不容易腐壞的，最堅強而又脆弱的，不就是親情？

蚵乾和女兒

歲暮，這五個女兒的媽媽永遠離開了她們，那年冬天不算寒冷，讓大女兒覺得寒冷的是，嫁出去的老五在媽媽百日後吵著要分家。

老五當然有她的道理，她說，其他未出嫁的姐妹住在一起，可以分擔水電費，她什麼好處也沒有分到，堅持把爸媽的財產分成五份。

爸媽的一輩子到底留下些什麼？在某個禮拜日，五個姐妹回到老家，媽媽生病時用過的輪椅堆在角落，媽媽禮佛的香壇如今悄無聲息，五個女兒設定了議題，一一檢視媽媽的財產。老四一直氣憤難平，她說分了家，這個爸媽辛苦經營起來的家就將煙消雲散，活了八十三歲的媽媽，那個虔誠為亡者助念的媽媽，很快地就將為眾人所遺忘，變成了銀行帳簿上的一筆數字。

到了分家的時候，再怎麼精心計算，還是房子和土地最值錢，但一住超過半世紀的老房子，也要等都更後才值錢。五個女兒是這樣盤算的，將來把房子賣了，把錢分成五份。她們在爭吵中做成決定，還包括老四一度拂袖而去，事情這樣定了以後，大女兒心中興起惆悵意味，「這個家，只怕再也沒有人回來了。」

那年冬天不算冷，眞的，最後五個女兒進到媽媽的房間，打開衣櫥，開始分配媽媽的衣物，媽媽生前是個節儉的女子，衣物都留著，什麼都不捨得丟，但大女兒只拿了幾條圍巾，以前她過年回娘家，媽媽曾借她禦寒，她覺得顏色好看，還是喀什米爾的羊毛。

老家的廚房後有一個小小的儲藏室，平時儲放媽媽沒用完的乾貨。她們進到廚房，找到媽媽沒用完的蚵乾。大女兒嘆了一口長氣，回想起她和媽媽上迪化街買這批乾料的情景。二女兒也想起來了，很久以前，五個女兒還睡上下鋪擠在一塊的時候，媽媽會發了乾蚵，煮一大鍋粥給她們吃，那味道眞的很香。

乾蚵，其實就是曬乾的淡菜，是名符其實的福州菜。從晚清一路相傳下來的做法，跟著爸媽遷移定居台灣的歷史腳步，而變成了這五個女兒的鄉愁。女兒們記得，當媽媽把淡菜乾泡在水裡等著發開的時候，那等待的氣氛就在女兒們間沸沸溢溢地展開，不爲了那粥的氣味眞有多好，而是從媽媽手裡調養出來的那份等待。

有人提議，把剩下的蚵乾分成五份，大家各自帶回去，沉默間，大女兒說道：「那就煮不成一鍋粥了。」最後，四女兒說：「大家吃了粥再回去吧。」天氣不算寒冷，還不到吃粥的時候，她們仍決定將蚵乾泡開，就算爲了已經永遠離開的媽媽吧，著手煮粥。

蘿蔔糕和女兒

哪些是生命中的美好食物？鬆軟的桂圓糕，那種稱作吉紅的小點心，我想應該都算，對陳家的女兒來說，卻只有媽媽做的蘿蔔糕。

她家住在永和的文化路上，原本開著水電行，爸爸當過好幾任的里長，所以招牌就理所當然掛上「里長伯」。幾年前爸爸生病了，家計頓時失去依靠，她媽媽想起小時候家裡做的蘿蔔糕，原本只是過年過節忙著做幾塊，分送給街坊鄰居，卻漸漸地傳出了名聲，都要來吃里長伯太太做的蘿蔔糕。而在家庭最需要的時候，女兒跟著媽媽一起做蘿蔔糕，就擺在自家的門口，一團團圓圓的在冷去後也撲出香味的，就是台灣人面對生命牽頓時的迴旋，就著蘿蔔糕這麼家常的食物，表現出對生命的美好和熱愛。

女兒沒有趕上自己媽媽當孩子時跟著長輩做蘿蔔糕的情景，她卻可感受到媽媽對蘿蔔糕的鍾情，也許記憶中熟悉的食物都能讓人產生這種安定感。對了，女兒說，當她看見蘿蔔糕從蒸籠來到自家門口，或者拿著蘿蔔糕到公司分送給同事時，那種屬於感，其實說穿了，就是安定感，這就是蘿蔔糕的神奇力量。

如何分辨市場賣的制式蘿蔔糕，或者是一個媽媽親手做的蘿蔔糕？那個女兒說，市場的蘿蔔糕異常的完美卻沒有表情，但當她吃到媽媽做的蘿蔔糕，所有原料都來自媽媽的手，只留下白蘿蔔的原始味道，媽媽在蒸籠的蒸氣間流著汗，做出的蘿蔔糕就像一張流著汗卻微笑而蒼白的臉孔，把一手手藝繼續傳下來。

那種安定感一再從蒸籠裡出發，更早以前，從女兒也幫著媽媽削蘿蔔簽，再混進米漿裡攪拌就已開始了。到了後來，即使不是過年，也不是什麼大節日，他們家都會製作著蘿蔔糕，那種香味就是家的味道。

陳家女兒說，他們家其實就是靠蘿蔔糕拯救的，要不然，在爸爸突然生病的那個年頭，他們也不知道是怎麼度過來的。在台灣鄉鎮的許多角落，其實就流傳著這樣的食物和人的故事。有個單親媽媽開始包粽子，幾個面臨中年失業的家庭在家鄉自製果醬，靠網路也賣出了品牌，小時候的美好經驗，便成了日後眾人心目中的美好食物。幫助來自生活經驗，幫助也來自自己。

文化路上的居民都知道里長伯，爸爸生病後，媽媽接替出來參加競選，那一年整個里沒有別人出來，都認定是她了，所以，現在你到文化路去，還是名正言順地掛著里長伯招牌，還是，飄著一樣的香味，彷彿在告訴你，你到家了。

京醬肉絲和媽媽

這名媽媽的姓出現在《聊齋》裡，當然，眞的看到她的人，會覺得豐腴了一些，覺得好像是某道菜吃多了些的關係。

她是中日混血兒，十二歲前跟著爸爸住在北京，後來過繼給台灣的阿姨，從此，台北變成她的家鄉。但根據佛洛伊德的理論，人會將兩歲前住的地方當作家鄉，所以，她一直視北京爲故鄉，她的口音也總會洩漏出來。

她有過一段婚姻，女兒現在已經快從高中畢業，讀的是某校模特兒科。那段婚姻以老公的外遇作結，是她發現的，原本老公還抵死不認，直罵她是「神經病」，但老公跟小三生了兒子，這下就瞞不住了，兩人大吵了一架，老公的媽媽這時收留了她，因爲這個婆婆發現，到頭來，反而是緣薄的媳婦願意照顧她。

這樣的人生經歷，讓人不得不將希望寄託在兒女身上，女兒是她眼中的乖乖牌，讀國中時，媽媽騎摩托車載著她，到加油站找工作，開口就問：「有沒有工作給我女兒？」第一次就被錄取了，也不知道老闆是看上媽媽的勇氣，還是女兒的乖順？這段經歷在母女同上李四端主持的公視節目，又再講了一遍，那集題目講的就是「強勢爸媽愛做主」，媽媽用標準的京片子，提前規畫了女兒的人生藍圖，「總不能一直在加油站打工，以後我會載她去內湖的商店找工作，薪水高一點。」

單親媽媽養家的辛苦，不經意地洩漏在她不徐不疾的京片子裡。為了養大女兒，她做過許多工作，也去做過腳底按摩，每天下班，肩膀累得不像是她的，但她說她沒有恨意，連前夫也不恨，「你不要提到我跟前夫的那一段，女兒跟他還有在聯絡。」媽媽說。

這個媽媽偶爾會下廚，做菜給自己吃，她說她很會做京醬肉絲這道菜，老實說，「北京的家鄉菜，我也只最會做京醬肉絲。」我始終覺得，菜名的神奇處在於，像這道菜，把一個老北京都盛著，想念時，只要做菜就能解鄉愁。做這道菜的神奇處也是在過程，將甜麵醬、大蔥一起炒肉，把一盤肉炒到紅纖纖的色澤，那道菜是用來下飯的，但過程卻異常的熱鬧，頗像一個人在廚房放煙火，聲色和香味一起噴發，但短暫的激情後，廚房還是她一個人的廚房。

那怎麼辦呢？她說，沒關係的，晚餐時再來炒一盤京醬肉絲，讓炒肉的聲響和火溫暖她的心靈。雖然，如果女兒不回家吃飯，她決計吃不下那麼多的肉絲。於是，一個單親媽媽的餐桌上擺著紅豔豔的，如同春節換上的春聯那樣的顏色。那是女兒小時候臉上的蘋果紅，也是，一個媽媽想念起家鄉的心頭血。

麻糬和兒子

他媽媽在電視上，看見兒子最近的消息，那是選舉最殷熱的時候，敵營的對手用盡力氣攻擊她的兒子，這個從小都考第一名、從不讓她操心的兒子，媽媽心念一動，或者正確地說，是心裡感到一陣酸，決定從新竹北上來台北給兒子助陣。這個時候，無論處在多麼囂熱的陣頭間，無論世間多麼的險惡，都要有家人站在身旁。

第二天清早，媽媽就上了第一班車，而且帶來新竹家鄉的麻糬。在台灣選舉造勢場上，麻糬是相當常見的食材，揉出一團粘白的麻糬糰，要吃時扯出一小團，沾花生粉吃，每個人都有一份。電視上，那個兒子靦腆地說，「媽媽餵我吃麻糬，那已經是五十年前的事了。」但當媽媽用牙籤叉一小塊麻糬，也跟所有吃麻糬的人一樣，用另一隻手掌護著花生粉掉落，送到兒子的面前。還在講著政見的兒子猶豫了一下，但也只猶豫了一下，就乖乖地讓老母親餵他這一口麻糬，那是媽媽，還是那一塊麻糬的魅力呢？

麻糬是客家人過節、團圓時常見的食物，由來也許就和麵粉的發現一樣的悠久，隨著客家族群的變動而橫越半壁大陸。那種母體和食物間的象徵意義，我覺得始終是客家族群人團結而不散的一種集體意識。每塊麻糬都是從一塊大麻糬團分出來的，又和那塊大麻糬沒有兩樣，每當看見有一家人分吃著同一塊麻糬，沾著甜甜的花生粉，簡單而傳統的食用方法，簡直就是一篇食物的史詩。

那個兒子正在改變台灣的政治版圖，他的崛起和面對國家機器的爭鬥，有時讓他覺得需有硬如大理石的心才足夠。但在那個下午，當老媽媽出現在造勢的場合，將一塊麻糬以媽媽的心推到他嘴邊，這個兒子所能做的，也應該做的，就是他五十年前的那個姿勢，在新竹，一個年輕的媽媽滿懷希望要開始揉麻糬，要給她最愛的大兒子吃。

怎麼五十年就這樣過去了呢？怎麼，五十年後，媽媽的手添了這麼多的皺紋，沒有變的是那口麻糬的滋味，因爲簡單，所以也不曾再變。某一天的造勢場合上，兒子拿著麥克風，突然脫稿說道：「我是最聰明，也是最會讀書的候選人。」敵手陣營馬上抓住這句話，攻擊他的傲慢。但兒子沒有講出口的是，那天他媽媽就在台下聆聽。

是多久前的事了，這個個性孤寂、不太跟人交往的兒子啊，回到家一個人默默地讀書，想考進台大醫科。媽媽總是這樣跟他說：「你是我最聰明，最會讀書的兒子。」語氣如此的堅定，可以記住一輩子的一句話，在多年後，就如第一口吃到麻糬的滋味。

冰糖蓮藕和媽媽

餿水油案爆發後，在電視新聞上看見她聲嘶力竭地接受採訪，說她絕不會讓客人吃到那種東西，「否則我會以死謝罪。」時間彷彿回到咖啡廳裡，這個媽媽噙著淚談起她爸爸當年的往事。

眾人眼光裡，她是南門市場的女強人，接連幾年奪下「天下第一攤」的頭銜，當然，她的好手藝來自當年爸爸在南門市場開的那間小雜貨店，和她從小就在家裡為爸爸煮飯的往事。那時甚至還沒有現在的南門市場，然後夫妻開始在市場做水果批發和一點熟食的小生意，絕沒有想到日後會成為台灣熟食界的代表。當然也歷經被倒會、員工背叛等等往事，然後才成就了南門市場角落一疊疊的美食。

我一直記得她兒子小時候，因為爸媽在市場忙，竟然玩火燒掉了房子的那件事，後來火熄滅了，她狠狠地修理了兒子一頓，一面打一面哭，哭自己怎麼沒有時間照顧兒子，讓兒子這麼的頑皮。那把火其實一直潛藏這對母子的生活底層，也就是每個家庭廚房裡灶頭生的那把火。兒子後來也成爲了廚師，和媽媽到處去「見習」別人家的廚藝。自己還推出過一道火焰陽光充足的炒三椒，拿到一項廚藝比賽的獎，但到頭來，這個兒子說：「還是媽媽做的菜最好吃。」

這麼多年後，她一直懷念著漂亮而早逝的媽媽的好手藝，要不是媽媽得病去世，爸爸憂鬱投海，給她留下南門市場的那個小店面，也許她的命運就會跟著改寫。那間店在南門市場開了六十年，一走進去菜香撲鼻，但因爲她的故事，每次我總覺得一股淡淡的憂傷。當然，遇到美食總是快樂而愉悅的，我想她能夠闖出這番名號，其實是因爲她一直以那個心中的小女孩，要靠一點點錢變出不同的菜色，「今晚爸爸回來要給他吃什麼菜」那樣的心情，在看待她的角色。有一天爸爸不再回來了，但更多爸爸媽媽現在一直湧向南門市場，要把菜帶回去給家人分享。

她創造過許多名菜，後來也成爲上海菜館爭相模仿的對象，但我一直想著，可以用哪道菜形容她這個人的一生？直到在電視新聞上看見她的聲影，我才確定應該就是「冰糖蓮藕」。這道甜點的功夫極其費時，冰糖的入味和蓮藕的口感決定手藝的成敗，用她的話來形容：「就像是要給最親愛的人吃的那樣的心情，完成每道熬煮的程序。」過程雖然辛苦，但蓮藕甜而不膩，卻就是一個媽媽的心意。

聽說，南門市場抵不過都市計畫的更動，又要改建了，即使只是幾十年前那個老台北，老雜貨店裡一個湖南老闆幫客人留著南北貨的心意也不復可循，那一樁樁動人的故事，則繼續留在台北人心中。

黑糖糕和兒子

離開台北濟南路的報社後，這名昔日的女記者回到家鄉澎湖，還是沒放棄記者的工作，幾年後，她就當上了媽媽。

兒子長大一點，上了小學，媽媽常帶兒子去看海，在澎湖，海是不缺少的風景，但媽媽認爲兒子對家鄉的認識不應該只是這樣，「媽媽就是年輕的時候對澎湖不夠了解，所以有一段時間，我一直想離開這裡，去台北找工作。」媽媽這樣跟兒子說，「但是在台北，人家都說我是澎湖人，回到澎湖，大家又說我是台北來的，所以你不要變成像媽媽這樣子喔。」哪樣子？兒子聽得一知半解，他可從來沒有眞的離開過澎湖。

位於黑水溝間的澎湖，自古即是大陸和海洋匯集的交會點，媽媽始終覺得她這一代澎湖人的身世，就像變成澎湖名產的黑糖糕，當年，是落腳在澎湖的沖繩人把他們家鄉的糕餅做法帶到澎湖，受到歡迎，變成了澎湖當地的代表物。媽媽曾去報導那家沖繩人傳下來的黑糖糕老店，那個老闆跟她說了一句印象深刻的話：「黑糖是琉球的沒錯，但在那裡發達，我就是那裡的人。」

工作結束回家，她常應兒子的要求，帶一盒沖繩老店的黑糖糕回家。據說最早的黑糖糕是碗裝的，屬於祭拜用的發糕，後來因為澎湖人帶到台灣當伴手禮，名氣響亮後，才有條狀的糕餅問世。出門遊歷澎湖時，媽媽會切幾片放在便當盒裡，一起在天后宮的大榕樹下吃黑糖糕，是一種抹不掉的回憶。

後來，兒子常要媽媽帶黑糖糕回家，沒幾天就吃掉一條，媽媽說：「你別吃那麼多黑糖糕啊。」兒子笑起來像藏不住尾巴的老鼠，讓媽媽起疑，媽媽決定發揮記者的本事，這天，她眼見兒子又帶了半條黑糖糕出門，也遠遠跟在後面。媽媽跟著兒子走出村莊，走向北邊的海岸，在一片礁岩前停下腳步，附近並無人蹤，岩塊間卻插著熄滅的香腳。兒子念了一陣話，便把黑糖糕丟進海裡。

媽媽嚇了一跳，大喊一聲：「你在幹什麼?」看到媽媽，兒子卻很鎮定，好像知道媽媽會出現一樣，兒子說：「我在祭拜海神，海裡有很多小孩，說他們想吃黑糖糕。」當記者的媽媽知道，自古以來，這片海域發生過許多次的海難和空難，甜甜的黑糖糕，是一種對逝去過往的慰藉吧。現在她知道，爲什麼黑糖糕以前是祭祀用的道理了。

站在大太陽下，這對母子各自想著自己的心事，媽媽把兒子手裡剩下的黑糖糕也拋進海裡，說：「下次要吃黑糖糕，記得跟媽媽講。」下一瞬間，兒子和那片海一起點頭。

土魠魚羹的兒子

土魠魚羹是從小就吃的，在嘉義大林火車站對面的這家魚羹店，就這個兒子記憶所及，很早開始就是一個媽媽型的女性站在鍋子前，客人上門，她就將炸好的土魠魚塊舀進羹湯，調味。兒子對媽媽這種類型絕不會搞錯，因爲他媽媽也長那個樣子。

總是媽媽帶他來吃土魠魚羹，兩個媽媽短暫眼神交會，也許在這家小店裡，每天都有許多媽媽在這裡遇見，饗以一碗甘味十足的土魠魚羹。兒子的媽媽是台南嫁到嘉義的，土魠魚羹算是家鄉的名產，如今卻在此處落腳生根，生下了兩個兒子。

那個魚羹媽媽也有個兒子，兒子們也會在小店裡遇見，不過一個動筷動嘴，另一個負責將媽媽做的魚羹端上桌，當兩個兒子的眼神交會，有時候，他們會想知道對方的故事。有一次，來吃魚羹的兒子問道：「你每天都會吃土魠魚嗎？」魚羹的兒子搖搖頭，還想說話，他媽媽遠遠地就叫著他：「別顧著聊天，快過來幫忙。」

兩個兒子的生命並沒有太多的交會，吃魚羹的兒子當完兵後並沒有回大林，那家店的兒子離開後又回來了，接下媽媽的棒子。不知道土魠魚算不算是洄游魚類，如果是鮭魚，我們就知道如何比喻這個兒子的返鄉旅程。

那年，當魚羹媽媽罹病後，他兒子原想趁媽媽過生日那天，免費請客人吃土魠魚羹，有幫媽媽沖喜的意思，原本就是台灣人的傳統禮俗。這個計畫還來不及實現，媽媽卻抵不過病魔的煎熬。第二年，兒子決定發揚媽媽生前樂善好施的個性，選在媽媽生日這一天，免費請大家吃土魠魚羹。

人在台中工作的另一個兒子，這天和媽媽通電話，媽媽跟他說：「你記得火車站前的那家土魠魚羹店嗎？以前我常和你去吃的，下禮拜要請客人免費吃。」兒子問明了原因，一通電話好像連結到少年往事，他想起在火車站附近，看見那個媽媽帶兒子去買菜，那個兒子捧著一大包白菜，努力想跟上他媽媽的情景。「媽，那我們就去吃吧。」母子這樣的約定著。

那天到來，兒子特地請了假，請假的理由：「媽媽過生日。」反正，每天總會有媽媽在過生日的。搭上火車，回到老家，就如約定的，媽媽和他在火車站前見面，直接殺到土魠魚羹店，外面已排了一條長長的人潮，在豔陽天下，等著吃一碗土魠魚羹，如此紀念一個媽媽和兒子的情緣。

終於排到他們，一張依稀認識的臉孔忙著舀湯，多年後，兩個兒子的眼神短暫相遇，他問道：「你每天都吃土魠魚嗎？」那個兒子露齒一笑，現在，沒有媽媽來喊他了。

布丁和女兒

這個老媽媽有一群女兒，她生了病，送到醫院，插上鼻胃管。女兒給她餵食，她無法下嚥，吃進去的全吐了出來，從此與食物無緣，只靠鼻胃管輸進營養素。

住院一個多月，老媽媽常常憶起往事，在病識和模糊的意識間流竄，她時常認不清楚輪到來照顧她的女兒是老幾，講了一大堆字串，女兒們彼此比對，覺得老媽已開始交代後事。這時候的人，經常陷在懺悔的情緒，還需女兒百般安慰。

後來情況好轉一點，她還會跟幾個女兒拌嘴、吵架。有一次，她氣起來，還跟五女兒說：「妳不是我生的，是我撿回來的。」五女兒一愣，沒料到有這招，回嘴：「那也是妳撿的吧。」

出院後，大家給老媽媽舉辦生日派對，想得到的親友全來了，還買了個大蛋糕。老媽媽照例還是不能吃，插著鼻胃管，在一旁看大家給她唱歌，吃蛋糕。後來也是五女兒想到的，她試著舀起蛋糕裡面的小布丁，餵媽媽吃。媽媽小心翼翼地吃進幾個月來的第一口食物，滑潤的口感毫不費力地進入喉嚨，爲了這個創舉，衆人高呼萬歲，比唱生日快樂歌還帶勁。

從此，女兒們回家探視媽媽，唯一能帶的食物就是布丁。媽媽就躺在一旁，卻從此可以和女兒們一起享受吃食的樂趣。女兒們今天吃滷牛肉，下次吃烤鴨，媽媽則笑瞇瞇地吃著她的布丁，一直就是這一味。但也不能吃太多，一口接著一口的，算是淺嘗即止。

女兒們帶回來各種口味的布丁，每到星期天老家的餐桌上，就會是一場布丁的嘉年華，有法國的烤布蕾，最傳統的雞蛋布丁，也有芋頭蛋糕裡一層潤潤的布丁餡，來自南部的麵包布丁，口感像是蒸蛋。老媽媽只吃一兩口，所以最後總是進到女兒們的肚子。

「滋味還可以嗎？喜歡吃哪一種布丁？」女兒們問媽媽，媽媽笑而不答，也無從知道，她如何迎接這種生命的變化。在生病以前，媽媽其實對布丁並沒有特別的偏好。

布丁據傳是來自薩克遜民族的食物，從裝在羊胃袋裡的外出奶製品，演變成現今瘋迷全球的甜點。一開始，發明布丁是爲了移動和攜帶，現在，則成爲定居生活的代表物。只有停下來，確定了一種生活型態後，才會想到在酒足飯飽時，一家人分享著布丁的甜蜜。老媽宣布：「今晚有布丁可以吃。」升起了孩子們的期待。

對這個老媽媽來說，與其說她期待吃布丁，還不如說她等待著女兒們回來看她吧。她吃下一口芋頭布丁，終於幽幽說道：「還能嘗到食物的味道，眞好。」

麻油和女兒

台南新營的老街上，一直矗立著一家小小的榨油廠，童叟無欺專出純種麻油，附近鄉鎮的農家會將自己種的豆麻、花生取來託榨油。小油廠經營越來越慘淡，因爲大家已習慣去買有牌子的現成油品，說這樣「時代才有進步到。」前陣子假油風波釀成台灣人心惶惶，人們才想念起傳統小油廠的真和好。

這家小油廠也和一對母女遠遠交纏，現在只剩下這個女兒的記憶，那時她緊緊跟在媽媽後面，幫忙提著一麻袋的豆麻，走很遠的路要去榨油。

「阿姆，走慢一點，我會迷路。」女兒在後頭喊著，媽媽決絕往前走，那其實是一生務農的媽媽的教養課：「迷兩次路，以後妳就認得路了。」後頭那麻袋的豆麻和那個女兒，都可算是她的人生成果。

拿回去的麻油，在附近可是供不應求，也有商家固定買去陳售的，但媽媽最後總會留下幾瓶，炒什麼菜都加上一匙，那時，就是這個女兒的戰利品了。

一袋豆麻可以榨成幾瓶麻油，早就算得清楚，所以也不擔心廠家會做假。先要把麻炒熱，攪拌均勻，讓麻受熱平均，再鋪草蓆將麻裝成「大餅」，放上機軸等著滴油。女兒很喜歡聞到豆麻熱騰騰發散的味道，那時就會有一種少女的體香和媽媽的汗水攪和的神祕香氣，也許在女兒長大和媽媽老去間，一季季的豆麻已成爲他們的紀錄，也許其實根本也不關豆麻的事。但女兒早上吃白飯時，會要媽媽淋上一匙的麻油。

媽媽活到八十多歲去世，再幾年前老父也走了，嫁到高雄的女兒已有多久未再回到新營老家，老家由弟弟一家住著。女兒自己也當上了媽媽，榨取自己生命的油餵養另一個家庭的成員，但久久的，她就會想念起和媽媽一起走到新營街頭的日子。她打電話給弟弟，某月某日她要回去一趟，弟弟隨即會意，說：「我要上班，但東西就放在廳堂。」女兒回到老家，沒有人在，她推門進去，在廳堂神桌前，父母的照片下，放著兩瓶麻油。她先點香祭拜，跟爸媽說：「回來了。」那是她年輕時的語氣。直到這個時候，她好像還可聽見媽媽在灶頭那端的應聲，「來，淋一匙麻油，這樣會長得好。」回家拿麻油，是這個女兒的儀式，也是她寄託想念的方式。她果然也沒有迷路，一直認得這條回到老家的路。

直到這個時候，人們終於發現古老的好處，有些事物反而越不改變越好，像榨麻油的方法，像新營老街上那陣神祕的香味，像是永遠的親情。

鯛魚燒女兒

苗栗通霄鎮上，住著一對母女。媽媽沒有結婚，生下了這個女兒。他們和苗栗並無地緣關係，只是嚮往這裡的自然環境，媽媽想要女兒擁有赤腳走在泥土上的童年。

女兒長到穿鞋子去上學的年紀了，在當地念高中。這天她跟媽媽說，學校要選十六個女生去日本參加女兒節慶典，去十六個舉行女兒節的廟宇參拜。媽媽滿口答應，她自己做少女時，就沒有好好地過過十六歲，只聽說台南人才有這種習俗，「那旅費就包在我身上。」媽媽說。

這一天回來，女兒滿面倦容說：「沒有選上。」全校有一百多個女生報名，選上的十六名身材差不多，連功課也都排班上前幾名。媽媽起初有些驚愕：「連這個也要選啊。」隨即就知道女兒挫折的原因了。女兒遺傳媽媽的身材，屬於矮胖型，這還是含蓄的說法，正確的說法是，外在和內在美都差人那麼一些些，不過，也沒有很多，就只是一些些而已。

媽媽心想：「難道就因爲這些因素，我的女兒就不能過女兒節，風風光光地迎接未來的歲月嗎？」媽媽跟女兒說，沒關係，女兒節我們自己來過。接下來，媽媽勤於找資料，布置一個連她自己也不知道會有什麼內容的女兒節。有個日本通朋友告訴媽媽，日本的女兒節會拜一排神偶，有點像台南的臨水夫人，十六歲那天，還會吃鯛魚，象徵慶祝女孩子從此跨入青春歲月。朋友說：「沒有鯛魚，就不算過女兒節。」

這實在是個難題，媽媽說：「我不知道怎麼烹調鯛魚，就算買回來，我也不會做。」但天無絕人之路，這對母女上通霄街上逛，遠遠就看到一個「鯛魚燒」的攤位。雖然多了一個字，但總算也是日本傳來的名產。鯛魚燒也沒有魚肉，是麵粉糰注進了紅豆餡，但每隻從鐵鑄板模裡誕生的鯛魚燒，都好像在跟這對母女說，來吃我，我明白妳們的心意。

鯛魚燒的心意，在吃進第一口時，立刻就能明瞭。媽媽跟女兒說：「我們就不要殺生了，這就像拜拜時，改用素雞素鴨。」她們將全部的鯛魚燒都買回去，開始擔心會因此發胖，但爲了女兒的幸福，媽媽決定豁出去一次。那天，只有母女兩人，還不準備容下其他人！那天，小客廳放滿日本小玩偶，連凱蒂貓也湊上一腳。還有媽媽年輕時在京都買的招財貓，伸出一隻爪的造型。女兒說：「這些好像不是過女兒節的喔。」別管那麼多了，媽媽要女兒趕緊吹熄十六支蠟燭，開始吃起她那一份鯛魚燒。

煮飯花女兒

彰化芳苑鄉間，黃昏時刻，就見到這個媽媽在廚房燒火煮飯。她擁有的空間不算大，所見的就是流理台、砧板、鍋子和各種調味罐，瓦斯爐上和眼睛平行的高度，開著窗，看見天空。

嫁入這個大戶人家，本以爲能找到幸福。但丈夫經營生意失敗後，她必須負擔所有的家事，每天這個時刻，丈夫和兒子不在家，卻是她最忙的時候。

有時候，媽媽會以女兒的身分，想問她已不在世的媽媽，當她對婚事猶豫不決時，她的媽媽勸女兒：「嫁給大戶人家，下半輩子會比較幸福。」這個女兒想問媽媽：「媽，妳說過的話還算數嗎？」

說這些都沒有用了，對認分的女人和媽媽來說。水龍頭的水流過冰冷的手指，一隻吳郭魚在油鍋上滋滋作響，寂靜的彰化鄉間，只有窗外那朵煮飯花陪著她。

那株紫茉莉就是煮飯花，會這麼叫，大概許久前就有媽媽們發現，在煮飯時刻開放，這麼忠實地陪伴她們的花。兒子小時候，會去樹下撿黑色的種子，裝滿一個口袋，當作寂寞童年的玩具。媽媽和爸爸沒有錢給兒子買昂貴的玩具，但媽媽會陪在兒子身旁，等他一一撿拾種子。一株花樹同時陪伴著媽媽和兒子，也算是罕見。

「媽，煮飯花開了，」兒子說。就像心理學實驗裡那隻聽見鈴響就流口水的狗，看見花，他的肚子也餓了。

沒有哪種花的別名，會這麼接近女人的生命。這株花又稱爲胭脂花、晚妝花、洗澡花、夜嬌嬌、潮來花，幾乎囊括傳統社會裡女人在那個時刻的活動。連女性每個月固定的紅潮，都成爲這株花的命名靈感。

煎一尾吳郭魚，燉肉，炒地瓜葉，炸一塊排骨，媽媽忙得額頭冒汗，但只要望出窗外，就看到了煮飯花的安慰。有時媽媽會懷疑，在這個家裡，她的功能是不是只剩下煮飯，總在固定的時刻，看著花開花落，這樣由年輕邁入中年。

剛結婚時，在傳統的彰化鄉間，丈夫介紹她，隨口說：「這個是阮煮飯的。」她以爲這只是客套話，日久月深，媽媽終於相信，那終究是她的命，兒子和丈夫也早就這樣的認定她了吧。她站在廚房裡，扭開瓦斯爐，一回回地回想著她這一生，然後幻化成一道道從她手裡端出的菜餚。偶爾會撇過心思，有多久的時間，她沒有眞的看過天空上的晚霞？

今晚要做什麼菜？媽媽心底盤算，昨晚還剩半顆高麗菜，還有半隻雞冰在冷凍庫，還有更多的晚餐在等著她。

啊，回頭，煮飯花開了。

乳豬和兒子

台北市南京東路四段的廣式茶樓，每當大宴，就在客人驚歎聲中端出烤乳豬，燒到表皮焦脆的豬頭對著客人，似有千言萬語。如果客人不吃豬頭，這個媽媽就打包帶回家。

媽媽是廣州人，嫁到台灣好多年了。她將帶回家的乳豬頭剁碎，放點花生、芹菜、小魚乾，調味後煮粥。媽媽說，以前在廣州，爸爸常煮粥，現在，由她煮豬頭粥給兒子吃。

烤乳豬是西周就有記載的美食，名列八珍之一的「炮豚」即是。廣州人會選出生六周內，尚未斷乳的乳豬，趁著天未亮帶離豬母懷抱宰殺、放血、燒烤，這時的乳豬最稱美味。在廣州，新嫁娘過門三天後回娘家，稱爲「回門」，夫家如果送來一隻烤乳豬，就表示對新娘貞操的滿意。打包豬頭的媽媽，當然不知道這個古老傳說。

小兒子只知道他吃下的是乳豬，從他四、五歲，人類心理上尚未斷乳的時期，媽媽常在黎明時叫醒他，要他背唐詩。後來，動不動就抽考，天外飛來一句：「春眠不覺曉，下一句？」背不出來，媽媽直眼瞪他：「你怎麼笨得跟豬一樣？」

吃太多乳豬，會不會讓人的腦子變得像豬，還是，因爲在那麼小的時候就被迫背那麼多東西？腦袋裡塞進越來越多的東西，有如不斷餵食的小乳豬，媽媽一直以爲，只要能塞進兒子腦袋的，以後總會化爲營養。小兒子始終沒見到烤乳豬的全貌，媽媽只說：「在古代，最上品的乳豬是餵人奶的。」小兒子心生恐慌，問道：「媽，我小時候吃過人奶嗎？」突然擔心起自己有一天被當成乳豬，說著就急得想哭。媽媽只得安慰兩句：「放心，沒有人會吃你。」

媽媽的故事沒有說完，晉武帝司馬炎去女婿王濟家吃飯，端出烤乳豬。王濟告以是用人奶餵大的，司馬炎大怒拂袖而去。卻不知他是覺得不該如此糟蹋人奶，還是因此吃進人奶，有未斷奶的譏嘲？

日子這樣過著，兒子放學回家，看到一碗剁碎丁焦黃肉皮熬煮的粥，就知道今天餐館又有人點烤乳豬了。直到有一天，小兒子發出反叛怒吼：「我不要再吃烤乳豬了。」媽媽問：「爲什麼？」原來那天班上有同學報告，他看到了小豬被屠殺、剖肚、燒烤的圖片，那隻乳豬的一雙眼睛，還綴上了亮亮的燈泡。小兒子宣告：

「媽，我不要當乳豬。」

那個時刻值得如此大書特書，華燈初上，餐館裡仍舊有人在吃乳豬。一面舔舌頭一面說：「好吃到有如給豬下的詛咒。」但人間，卻從此多了個斷奶的兒子。

封肉和女兒

屏東車城，有一家著名的小餐館，是由客家的阿嬤和女兒開的。「阿嬤」是客人喊的啦，女兒通常叫她「阿妹」。聽不懂客語的客人，卻一點也不會誤會。因爲「阿妹」的稱呼自有一種魔力吧，八十多歲的媽媽在廚房裡站幾個小時，爲客人料理每一道菜，還是充滿了活力，一點也看不出年紀。她從當女兒、嫁到夫家，就是這樣的忙著。奇怪的是，不管從女兒變成媳婦，再到當上了阿嬤，她永遠被當成了「客家媳婦」。這種現代客家媳婦的命運，還頗像她們的拿手菜——封肉，明明已算是客家菜，卻總是拿來和東坡肉做比較。

客家的封肉，有時會加入筍干和酸菜，調理的鹹度較稠，在這一千多年的客家人遷徙歷史裡，融入了各地的食材，也顯露出客家人「隨地而安」的生活智慧。但只能怪蘇東坡太有名氣了，蘇東坡如此歌頌豬肉料理：「柴頭罨煙焰不起，待他自孰莫催他，火頭足時他自美。」怎麼看，都像在講一種教養觀。孩子若是一塊上等肉，要不要從小就給他加柴催火，還是容許細火慢燉，讓美味自己燜出來？蘇東坡顯然給了一個後世的教育學家研究多年才得出的答案。

在屏東，嫁到夫家的這個客家媳婦，燜了多年後已是名餐館的大廚。她從沒有想到要提拔女兒走上她的這一步，但女兒從小就體會到了一個客家媳婦的處境：給一大家子人、叔叔伯伯阿姨阿嬸煮一世人飯，家裡的男人都吃飽了，才輪到她們上桌，過年過節，媽媽的身影從沒有離開過廚房。女兒卻懷念在廚房幫媽媽的記憶，她第一次要給老家的灶頭起火，燉一鍋封肉，卻怎麼也點不著。媽媽跟她說：「妳不要那麼貪心，靠一根小火柴就要讓柴堆燃燒，你要小片小片地燃，不要一次投入所有的火候，封肉才會好吃。」女兒說，那好像是她人生啟蒙的第一課，不僅適用於料理封肉，根本是顛撲不破的人生法則。

來到屏東，想吃這道封肉，就急不得。她們的封肉加了老滷汁、米酒和陳年紹興酒，還有不能公開的祕方。女兒說，如果家族的年代夠老，多多少少總會傳下某種食譜或祕方，變成了現代子女的傳家寶，「就看子孫有沒有這個心，是不是把老祖母的方法當作寶？」媽媽這一代自有其命運動力，到了她這一代已不是一個傳統的客家媳婦，不再一生爲一大家子煮飯，身爲客家的女兒，卻讓她感覺自己是個寶。於是，這對母女在美麗的國度之南，傳下了封肉的美味。

娘惹糕的女兒

台中大甲，有一條住著許多南洋移民的街道，就在街上，開著一家以娘惹爲名的餐廳。老闆娘是印尼人，嫁到台灣已經二十年，會煮道地的娘惹菜。提到娘惹菜，那股濃郁到化不開的椰漿氣味，一直撲鼻而來，其中的代表性食物自然就是娘惹糕。

對多數台灣人來說，娘惹只是異國風味，但對這個女兒，卻就是媽媽的味道。以前在家裡，媽媽煮的菜，鹹的甜的辣的，都會加進一匙椰漿，媽媽說：「我在印尼家鄉時，我媽媽做菜都這樣做。」近幾年，由於準備開餐廳，印尼媽媽展現出她的實驗精神，椰漿和香料才減少了分量。

女兒上學時，便當一打開，同學會圍過來看，她的身上好像總會有那股椰漿氣味，也因而變成了她在學校的綽號，其實很多人都叫她「娘惹糕」。她不喜歡這個綽號，親師會的通知，她就沒有拿給媽媽，不知道其他同學會怎樣看她的印尼媽媽。

女兒一出生，就跟著媽媽信伊斯蘭教，所以總是自己帶便當。也由於這個緣故，媽媽有時會炒個蛋炒飯，或是燙一把地瓜葉，那是十足的台灣味道。女兒其實很喜歡吃娘惹糕，她從小就熟悉的味道，有點像客家人對菜包的感情，但媽媽不輕易做娘惹糕，一個月能夠吃上一兩回，就讓女兒高興上一陣子。

「娘惹」和「娘」這件事沒什麼關係，原本指的是南洋一帶的土生華人和當地馬來人的聯姻，生下的女兒就叫「娘惹」，代表著時代的因緣結合產生的一個新族群。這場婚姻和家族的大融合，起自於十七世紀荷蘭人到印尼、馬來西亞的開拓史，荷蘭人帶來的香料、荳蔻和當地的椰漿、丁香結合成一次味覺的革命。現在，這個女兒想，隨著媽媽這一代印尼女子嫁來到台灣，味道的革命還在繼續著。

「來，嘗嘗這個味道合不合？」小時候，媽媽捧著一盤五顏六色的菜招呼她時，她知道自己又要當小小實驗品了。但她的味覺其實也不準，因爲她從小就如此地熟悉媽媽的味道，雖然，她不確定自己該算是台灣人還是印尼人？在家裡面，爸爸的意見仍是主流，媽媽就算不同意，也不會明說，她轉身回到廚房，埋首在香料和椰漿間，頗符合娘惹菜所代表的，那種「男主外，女主內」的傳統角色分工。

也許，娘惹糕那層層堆疊上去的，五顏六色的甜味，就是印尼媽媽眞正的心內事。我們不妨就將娘惹糕看作是椰漿和米漿的聯姻，在一個堪稱爲異鄉的土地上，女兒這一代，將成爲一個新興的族群。

四破魚的兒子

鹽水不是只有蜂炮，還有四破魚，屬於這個兒子的記憶。那說好眞是美好的年代，好得我們不想進入其他的年代，就是因爲四破魚很便宜。

四破魚很便宜，也就是說價錢很賤，所以就是鄉下小孩合該分到的魚種嗎？他媽媽的哲學是四破魚很營養，那時常帶著他上市場買四破魚，遠遠看見，還像是一個媽媽和兒子帶著一群魚在散步，走過鹽水的街道。

兒子猶記得媽媽在水盤裡處理四破魚，水一直流過長長的魚身和大眼珠，多半用鹽水煮過，或醃過做成一夜乾。兒子常每天早上都吃一尾四破魚，浸過鹽的魚身修長卻帶著腥味，怎樣也掩不下去，很久很久以後他才願意承認，他始終會被那股腥味吸引。

他第一次認識後來變成他老婆的那個女孩，老實說，可能由於某種女性生理期的關係，他聞到一股淡淡的腥味，這讓他想起了煮四破魚給他吃的媽媽的氣味。後來他們結婚了，氣味當然不是唯一的原因，但他確實這樣幻想過，這個女生也要他一天吃一尾四破魚。

這時已進入了四破魚價格不很可愛的年代，有人稱爲「黃金歲月」，搖身變成一夜乾的四破魚在台北日本料理店，可是高檔食材，在六條通料理店叫這道菜，肯定引來側目，這是這個兒子的經驗，那天跟他一起出現在料理店的那個女生，胭粉味掩過了腥味，顯然不是原來的那個女生。

他和原來那個女生，眞的吃過幾年的四破魚，但三十來歲後，這個女生開始吃素，不讓他靠近，他已很久沒有再聞到那股特屬的腥味，有一天，那個女生指著他買回來的四破魚，大喊「畜生，你是凶手」，轉身就想將泡在鹽水裡的幾隻魚放走，這件事萬萬不可能，這是他們關係破裂的開始。兩個月後，他們就不在一起了，這件事還上過社會版面，因爲，一般人的認知裡，這個男人事業成功的關鍵，根本來自早期老婆的鼓勵，但當他成功後，卻選擇了與另一個女人分享。他們，顯然不知道四破魚的存在。

我已許久沒有這個兒子的訊息了，也許後來他又回去了鹽水，選擇一天吃一尾四破魚，那種加了鹽水的平淡生活。我但願是如此。四破魚也是我前次造訪鹽水的印象，雖然我已找不到那條母子曾經走過的路，或者，還有辦法回到魚價便宜的年代，沒有汞也沒有任何的汙染。

總是，還是會這樣想，四破魚本名叫做藍圓鰺，同樣的一尾魚，卻同時破了，還又圓了。對任何時刻吃著四破魚的食客，卻該如何消受。

鵝肉店的女兒

嘉義民雄有一條鵝肉街，在火車站附近，有一個媽媽和家人開了一家鵝肉亭，她料理的鵝肉當然好吃，但是，聽說許多男客人上門，只是想多看她一眼，聽見她甜甜的笑聲。

這年，鵝肉亭讀高中的女兒談了一場戀愛，那個同校的高中生以前常來吃鵝肉，媽媽也認識。當女兒宣布她在談戀愛，但照媽媽的看法，什麼叫做愛，這兩個年輕人都不算太清楚時，男生已展開了熱烈的攻勢，包括將媽媽加入臉書，大方也實在大膽地分享他跟女兒的感情，媽媽在臉書上勸男生：「你如果喜歡我女兒，就應該可以等，等彼此年紀大一點，再了解是不是感情依舊。」但男生依然被這段感情沖昏了頭，最熱烈時，他們規定每個月十四日都是情人節，都要相聚，媽媽冷言旁觀，最怕的還是女兒受了傷。

媽媽說她不想看到女兒常常太晚回家，後來，男生就常來吃鵝肉，兩個人就在店裡的一角大啖鵝肉，在媽媽忙著顧店的眼角餘光下談純純的戀愛。有一次媽媽心中還安慰地想著：「最少，這個男生還喜歡吃我家的鵝肉。」

民雄這條鵝肉街，位於熱鬧的交通要道，競爭激烈，每家鵝肉店號稱都有祕密配方，即使要傳下去，也只傳給兒子或者願意招贅的女婿，喔，想太遠了，媽媽繼續剁著一盤滷鵝腿，她嫁到民雄前，也沒有想到她會學會做鵝肉料理。媽媽想著，難道她會希望女兒繼續在這裡賣鵝肉，一大清早拔鵝毛，燒水煮鵝肉，把自己弄得一身都是腥味嗎？

那個男生好像不挑嘴，舉凡滷鵝肉、鹹水鵝、白切或是薰鵝，他照單全收，一般客人最喜歡的鵝腿他也不放過，回家前還會外帶，跟女兒親熱地說再見，媽媽有次問女兒：「現在還過情人節嗎？」女兒說：「媽，妳說的是白色還是粉紅色情人節？」

直到這麼一天，女兒比平常時間還晚回家，臉上還掛著淚痕，媽媽問道：「怎麼了？」女兒說：「都是他，他啦，他說我們認識這麼久了，想要那個……親親一下，我說不要，他就生氣跑了。」原來如此，在媽媽心中，早就設想過這樣的情節，她很想跟女兒說，男生都是這樣子的，她以後一定還會遇到，誰叫她是她的女兒呢。媽媽說：「別理他，他只是肖想吃天鵝肉的癩蛤蟆。」

但是，癩蛤蟆的天性之一就是想吃天鵝肉吧，沒過多久，女兒又有說有笑了，換了個男生還是來吃鵝肉，有時候還會帶包餅乾來當禮物獻給媽媽，要把媽媽加入臉書。

第4道 愛有沒有保鮮期限？

老婆餅和女兒

齋戒月開始時，這個伊斯蘭家庭要摸黑起床，想著早餐可以吃些什麼。等到太陽一出來，可就整個白天都無法進食，每年都是這樣。

剛結婚時，總是太太起床，開始到廚房煎蛋做吐司。結婚幾年後，夫妻約定輪流準備早餐，但遇到前天丈夫加班，或是夫妻兩人都晚歸，睡到太陽照到床頭了，兩人還在推來推去：「唉呀，爬不起來，你隨便弄點什麼來吃吧。」卻很可能錯失良辰，夫妻的早餐都沒得吃。

生下女兒後，改變了夫妻的齋戒月習慣，不可違背教律，但總不能讓需要營養的女兒沒早餐吃。這時，丈夫發現了老婆餅。他第一次是在台北市八德路四段那家著名的餅鋪看到的，那時老婆餅不算普遍，從此每當齋戒月開始，丈夫就去買幾盒老婆餅，當作一家人一個月的早餐。

女兒從小起就知道，她是個伊斯蘭教徒，沒有其他選擇。讀小學時，每到齋戒月，她乖乖坐在座位上看著其他同學吃午餐，後來老師覺得這樣不行，跟她的父母商量，通融方式就是，讓她多帶幾塊老婆餅到學校。在女兒的記憶裡，當太陽下山，黃昏來臨，就是肚子解嚴的時候，那陣子，她做夢都會夢見老婆餅。

這對夫妻說好聽點都是高級知識分子，說實在點，就是常常互相抬槓，意見相持不下，丈夫提個意見，妻子的口頭禪就是：「這個不好，我的比較好。」他們是對方忠誠的反對黨。有一次，丈夫聽了妻子的陳述，忍不住說：「奇怪，我不也這樣說的嗎？」

其實，當初老婆餅的命名，不也是一對夫妻抬槓的結果嗎？據說在廣州，某茶樓的潮州師傅將糕餅帶回家，他老婆一嘗，說：「這味道不如我娘家的冬蓉餅。」於是用冬瓜蓉做餡做出了「潮州老婆餅」，那個沒有留下姓氏的潮州女子就因爲一塊餅，而成爲了糕餅史上的某個象徵，象徵著一個老婆和一個女人的勝利法。

丈夫當然也知道妻子好強的個性，有時候，她只是用抬槓試圖來換取注意，或者成爲她在婚姻生活裡的某種成就。他們的女兒也承繼了好強的個性，最常跟爸爸說，「那個落伍了。」只有在吃老婆餅時，這家人才分享了相同的滋味，然後趁著天亮前，展開各自的生命旅程。

這天，也就是世足賽八強，阿爾及利亞隊因爲齋戒而輸給法國隊的日子，他們摸黑看轉播，丈夫拿出一盒剛買的老婆餅，妻子卻說：「這個不好，老婆爲何一直被吃，我也買了一盒。」自顧自拿出一盒，說：「今天我們來吃老公餅。」丈夫笑了，他們交換餅吃了起來。

白松露之妻

親愛的，我都沒有吃過白松露，什麼時候，你要帶我去吃吃看？

結婚十年後，這個妻子有一天睡覺前，這樣跟丈夫要求。只見丈夫翻了一個身，打個大大的哈欠，「那人家談戀愛時吃的，我們老夫老妻，你知道白松露有多貴嗎？」

妻子當然知道。但就是這樣，才能顯現出丈夫的心意。她本來想這樣說。丈夫又打個哈欠，翻身就要睡了。關於白松露，這個妻子做了功課，挑選了台北市敦化南路上的百貨公司內的松露之家，她打聽好價錢，一公克白松露要八百塊，大概就像刨木屑刮下來的薄薄的一片。吃過的同伴說她無法形容白松露的感覺，因為沒有人會直接吃的，總是加在越平凡的菜，像是一碗清湯，或一顆煎蛋上，就越能顯現白松露的滋味。

她望著丈夫呼吸起伏胸膛，這個晚上要數羊了吧，突然腦筋一轉彎，想起了大學時代的那個男生，很其貌不揚的一個男生，臉上帶著青春痘和傻笑，跟丈夫比遠遠不及，丈夫眞的帥多了。那時，這個男生總是默默出現在她下課經過的校園路上，好像等她很久了，又要假裝出剛好也經過的從容。起初只是默默地看著她，也不敢靠近。當他們認識以後，這個男生終於鼓起勇氣向她告白，她心中有點佩服他的勇氣，但不是她喜歡的類型，她巧妙地回絕了男生的追求。這麼多年來，忙著工作和家庭，孩子都有了，她也沒有想起過這個男生。但那晚她突然憶起了男生靦腆的眼神，如果是他，再多昂貴的白松露，也一定會帶我去吃的吧。

白松露的神祕色彩，隨著美食新聞名噪一時，在歐洲，尤其是義大利北部的鄉間，農夫帶著嗅覺敏銳的狗去林間田野尋找白松露，那種菇菌彷彿是上天深埋在土壤的禮物，爲這些農家創造了驚人的財富，也成爲高級歐洲菜的代言。

她是這樣想著，如果越是平常的菜餚，就越顯現出白松露的芳澤，那麼，我的婚姻夠平凡了嗎？需不需要加入一點白松露來提味？在婚姻裡，有時會有這樣的出神時刻，有時會憶起過往的錯過，追想那個人現在在哪裡，過得好嗎？如果，她將來有機會品嘗到白松露，她會願意與誰作伴，一起發出讚歎聲？白松露能承受這樣的沉重嗎？那味道，能夠在舌尖停留多久？

最後看到那名男生，是畢業典禮後，她跟著擁擠的人潮去搭公車，才擠進車廂就一陣心血來潮，她望向車窗外，就看見那個男生怔怔望著她。那剎那他們的眼神交會，她輕輕點了一下頭，從此就再無男生的訊息。

但是，過去的事情了，不過，就是舌尖上對於味道的記憶麼，唉，她也睡了。

炒鱔魚和姪女

跟鱔魚最搭配的，應該就是洋蔥，但一層一層地剝洋蔥時，會讓人流淚，吃一盤炒鱔魚，加了大量的洋蔥，是不是也應該想哭？

她的舅舅和舅媽定居美國多年，現在都八十多歲了，最近都爲了選舉投票回台南，每次，舅舅就迫不及待地說，想吃一碗炒鱔魚，那是美國吃不到的味道。

更早以前，這名姪女回憶道，那是林百貨還在台南開著的時代，舅舅和舅媽還帶她去坐旋轉木馬，台南小孩沒見到過的新奇玩意，每樣東西都是新的，暈眩感一直沿襲到現在，而林百貨又在台南重新開幕了。

在那個年代，舅舅和舅媽一起打拚，在建國路城隍廟附近做生意，生意雖然不大，在這名姪女眼裡，他們是恩愛的，兩個人才會有時間，常常帶著她到台南到處吃小吃，而舅舅最愛的就屬開山路的這家炒鱔魚。從那時候起，炒鱔魚就是一場大火熱炒，老闆用力而勤快地對著冒火的鍋子迅速攪動，鱔魚其實不容易入味，每次她陪著吃炒鱔魚，感覺就像在吃那甜甜的醬汁和洋蔥，軟軟的洋蔥搭配著鱔魚的脆乾，有人應該在吃炒鱔魚時流下淚嗎？

年輕時的舅舅人高又帥，頗有女孩子緣，舅媽則屬柔順的小家閨秀型，什麼事都聽舅舅的安排。後來舅舅晚上常不回家，舅媽私下打聽，原來舅舅流連酒家，還跟一名小姐過從甚密，最親熱的時候，她一直聽說舅舅要把這個小姐娶進門。舅媽當然傷心，她也不知道自己到底做錯了什麼，她沒有跟舅舅吵，有時只是一個人在家靜靜地哭，有時她也會陪在身邊，對男女間的事仍感不解，而舅舅卻越來越少回家了。

有一晚，她記得是華燈初上，台南的夜剛要熱起來。她記得很清楚，舅媽帶著她，也沒有多說話，先到開山路包了一盤炒鱔魚，等待大火淬鍊後的鱔魚，又帶著她走進小巷來到附近的一扇青門前，有個看門的打量著她們兩人，這家店平常是不會有女客人的，舅媽輕聲細語，沒有帶一點炒鱔魚的火氣，說要找舅舅，「我送他愛吃的炒鱔魚來給他當消夜。」這樣的訴說。

台南的傳統女子，其實很像炒鱔魚時的洋蔥，雖然曾讓人流淚，但大火過後只剩一股甜味。門房進去通報後，沒多久，舅舅披著衣衫走出，她和舅媽拎著炒鱔魚走在後頭，從此，舅舅沒有再上過酒家。

多年後，已是無人會再提起的往事。台南開山路的炒鱔魚依然起著大火，依然是洋蔥的甜和鱔魚的韌，且任往事在一盤盤炒鱔魚間逃竄吧，沒有人應該在吃鱔魚時繼續流淚。

鮮乳和男人

那幾年住在台北，他常會去博物館對面的土地銀行，買台東那家牧場的牛奶，但也不是常常有得買，好像是某幾日的早晨，但來晚了，門口就會貼出「牛奶已售完」的海報。

還有一種東西，也不太好買到，就是回台東的機票。他不是台東人，老婆在台東縣政府上班，但爲了工作，那幾年，他一個人留在台北。只要是假日，他搭上往台東的小飛機，有時遭遇亂流，有時一顆心跟著機窗外的雲彩，懸在花東海岸的上空，寫進八十年代那一代台灣人的心情錄。

跟老婆分開的那幾年，兩個人還沒有生小孩，一個人的移動，其實就是一個家身世的移動，回到台東過兩夜，星期天還得搭晚班飛機回台北。他總結那幾年的兩地夫妻生涯說道：「不用說，我坐了好多的小飛機，現在一想到小飛機，還是有點怕怕的。」他渴望到台東，他老婆的故鄉，渴望在一切都安定下來後，經營一個家。

一個家，把那個想像的圖像拉遠，最常看到的食物，就是餐桌上的牛奶。電影《屋頂上的提琴手》裡的老爸爸，日出即推車分送牛奶，他卻希望做一個將牛奶瓶遞給家人的男人，一起分享牛奶的芬芳，舔著嘴唇上的奶渣。這個夢想，在他結束台北的工作，搬回到台東後，終於能夠實現。

但是，有些東西似乎總是在改變。台東卑南鄉那家牧場的鮮乳，曾經是他隻身在台北時，想念起老婆的依靠，經營權卻由土地銀行轉手，恰好就是他回到台東的時候，於是，有老顧客說，好像牛奶的味道也變淡了，沒有以前那麼的好喝。他回想起去土地銀行買鮮乳的日子，買到了鮮乳就像了了一樁心願的，帶回租屋當第二天的早餐，那種想念的感覺竟然和牛奶非常的搭配，不管在一個人的屋子，冬日冷冷的石牌街頭，還是一窩子人的台東巷內，鮮乳是最稱職的陪襯。

後來，那家牧場有人出來解釋，牛奶的味道和品質沒有變，是季節的關係。夏天牛喝較多的水，味道變淡，到了冬天則是另一番故事。他非常相信這種說法，就像那一年，老婆坐飛機來台北看他，他前晚早早下班，要去土地銀行買一罐牛奶回去迎接老婆，但門面冷清，照常貼著一張海報，相較於早起的乳牛，這個男人總是來得太晚，我講的還不只是買牛奶這件事。

這麼多年後，他還是記得那天騎機車回石牌時的空虛感，現在，只要遇到那家牧場品牌的鮮乳，他總會不由自主地買上一罐，確保鮮乳永遠在一個家的餐桌上。

爲什麼叫做鮮乳？他說：「因爲有保存期限啊。」這句話，簡直就是眞理。

鬼頭刀夫妻

天色微亮，這對夫妻就開著小漁船，駛出宜蘭的烏石港，要去龜山島外的黑潮帶釣魚。

是去釣魚沒有錯，有時有位老漁工會跟著出海，那時就會使用延繩釣，也就是在簍子上掛釣線。那個丈夫知道，附近有個知名的漁港使用的是拖網，拖網過處，海底的生物無一倖免，但也會拖上滿滿半網的垃圾，在垃圾裡挑出可以販售的魚貨。他不喜歡趕盡殺絕的捕魚法，寧可靜靜地跟隨著潮流帶釣魚，願者上鉤，其實也是這個男人對感情的信念。

黑潮帶裡有各種各樣的魚，每種魚都有個性，但小漁船最常去釣的魚就是鬼頭刀。鬼頭刀捕追飛魚，所以只要看見海面上有飛魚竄出，倏地又躍進海底，他們就在附近海域下餌，等著鬼頭刀上鉤。妻子是從台北跟著他連哄帶騙來到宜蘭的，她負責下餌，但當魚線有動靜時，還是得由他將鬼頭刀拖出海面。鬼頭刀不僅外型凶狠，也是生命力極為強韌的魚，每次和鬼頭刀搏鬥時，他總要想起海明威，當然，海明威描寫的是馬林魚，他卻還沒有遇上過。

鬼頭刀也是有感情的魚，公魚會保護母魚，將食物讓給母魚先吃。聽說也是在黑潮帶上，曾有漁夫釣起一隻鬼頭刀，但將魚身拖出海面時，另一隻魚卻緊緊相隨，兩隻魚身合為一體，即使大難來時，也不願意分開。他剛聽到這個故事時，就想「如果是我，我就會將兩隻魚都放了，何苦去破壞人家的好感情？」

他想起自己要從台北回來宜蘭，買下漁船，當一個小小的民宿主人時，新婚妻子猶疑的反應和家人的反對，那畢竟是在都市長大的妻子不曾經歷的生活。妻子第一次上漁船，跟著出海，剛看見龜山島還像一個小女孩那般的興奮尖叫，過了一會就開始嚴重暈船、嘔吐。他跟妻子講起在這一帶會出現的魚，也講到了鬼頭刀，「然而，當一隻母魚咬下釣線時，公魚要怎樣安慰她呢？」

這對夫妻並沒有放過鬼頭刀，每隻鬼頭刀都認命地躺在甲板，接著放進冰櫃。眼看黃昏將近，妻子熟練地將鬼頭刀切片加進洋蔥和馬鈴薯煮一鍋湯，有時也順帶下麵，這就是這對夫妻忙碌一整天後的收穫，就在顛簸的海上吃起鬼頭刀的晚餐。

有時會有飛魚從船舷旁躍過，妻子逐漸習慣這種搖盪的節奏下喝魚湯的感覺，她說：「生活在地面上的人，永遠不能體會到，鬼頭刀就是要在海上吃的魚。」她所敘述的，莫非其實是這對漁船夫妻的生活，像兩隻魚一樣地過活著。

回航，陸地上的燈光漸行漸近，他們在午夜時分進入漁港，重新回到陸地生活。

牛排和女人

她單名一個「囝」字，這使她永遠是個孩子，北方來的姑娘，台灣的媳婦。

既已事先交代她愛情的歸宿，其後敘述的這段遭遇，也許不過順藤摸瓜。那年她在北京劇校讀評劇，一個把劇情連評帶唱看將下去的表演形式。有個留英的青年才俊卯起勁追她，志願來幫她裝電腦，當年電腦不是每個人都裝得起的，但那天她的眞命天子，台灣來的客家歌手，留著一副達摩般的大鬍子，和那位青年才俊坐同一班公車來到，兩人錯身而過，一個離開了，一個變成了她後來的丈夫。

她嫁來到台灣，前前後後和歌手丈夫分開八年，才取得長久留在台灣的資格，那是一條漫長的道路，但兩個人都沒有變心。生下孩子後，她安心地成爲一個台灣媳婦和媽媽，展開一段海峽兩岸新的台灣家庭史。

丈夫是個頗有名氣的客家歌手，但據她說，當她成爲「正宮」後，丈夫就不再傳出那些事情，「分開那八年，丈夫有機會認識別的女人，我也有，想追我的大有人在。但他沒有，我也沒有，這眞是奇怪。」這個叫囝的女子說，「創作的人需要靈感，有時候我反而鼓勵他去談場戀愛，我是說眞的。」

彼此以前的情史，這對夫妻卻是知道的，歌手丈夫從不隱瞞，她也不介意。有一次在國家音樂廳，大鬍子歌手狀若得意地入座，壓低聲音跟她說，第一排的鋼琴家是他第一任女友，第二排的舞蹈家是第二任，第三排坐著第三任，他們坐在第四排，新歡舊愛、桃花正果全在國家音樂廳的屋頂下，聽著同一首鋼琴協奏曲。「難道沒有一點點感到芥蒂嗎？」有人這樣問，「不會啊，我們全都認識，反正我是正宮。」眞是北方來的女子，北方的情愫。

還有一次，她肚子裡懷著孩子，夫妻兩人去台北市忠孝東路四段，那家以顏色命名的牛排館，就在人車沸騰的路上，這位大歌手突然變得神祕兮兮，又壓低聲音跟她說：「你看，那邊走來那一個……」「怎麼？長得很漂亮啊。」她說，聽老婆這樣的讚美，丈夫難掩得意之色：「我也跟她交往過。」對丈夫來說，那天的牛排顯得更加的美味可口，如果給他一個紅色，是菲力牛排五分熟時透出的血紅。

平常，牛排也是常吃的，她說，去大賣場買回來的牛排煎到五分熟，丈夫和孩子兩口就吃完，莫非也感染吃肉民族喜好分享的血統，分享口中的血紅也分享著情史。她講著自己的故事，好像那其實也是一場評劇，她邊評邊演，如此演出半生緣。

湯波和男人

對這個男人和女朋友來說，那是值得紀念的旅行。在日本東照宮附近，輪王寺護摩塔外有家小餐廳，他們初次吃到蕎麥麵上浮著黃黃軟軟的食材，像是台灣的豆皮，或是攤開的百頁，但味道較柔，較說不出的滋味。

女朋友隨即讚歎，「這個就叫做湯波啊，好特別，日人特別會煮這種東西。」男人說：「這有什麼難，回台灣我做給妳吃。」女友說：「我可是要一模一樣的味道。」這就是當初的約定。

男人對豆類食品一點也不陌生，他家在高雄前鎮區的夜市邊開豆漿店，從小，他根本是在磨豆漿和那種濃郁的豆香裡長大，知道煮黃豆時會浮上來一層薄薄的豆皮，但火候是很重要的，他試過幾遍，大火和小火都試過，昔日女朋友現在已是他老婆，卻大搖其頭：「不像，跟東照宮的那個味道不太像。」男人也很納悶，日本人的「湯波」難道不就是豆皮嗎？到底少了哪個步驟。後來，當初的約定就變成，要在第一胎小孩出世前做出那個味道。

豆漿店當然也賣豆皮，把豆皮炸過捲上油條，就是前鎮區的一絕，做出湯波的味道，卻演變成這個男人的畢生挑戰，他陪著老婆去醫院做產檢，看著超音波裡成形的孩子，暗暗發誓一定要做出湯波。這件事對這個男人爲什麼如此重要，其實，連他自己也說不上來。

預產期接近，妻子當天住進醫院，男人直到豆漿店打烊，送走最後一位客人，帶著剛做出來的豆皮上路，他覺得味道還不是很像，但他也盡力了，過了這晚，他們家就要增加一個新生命了。

他的車才開上路，就聽見了前方街道的爆炸聲，驚人的火焰竄起，彷彿是世界末日，他也不知道發生了什麼事，只一心想把湯波送去給老婆，湯波給這個男人帶來了一股求生的意志。在日本德川幕府時代，據說將軍和浪人出戰，同樣會吃湯波提升戰鬥的勇氣，招來好運。他把車掉頭，往另一個方向駛去，聽見消防車和救護車的汽笛響遍那晚的高雄。高雄的氣爆無意間完成了湯波的製作，那個男人始終沒悟出的祕訣是，冷卻時的湯波還需要經過一道搖動的手續。是的，湯波和一座城市都需要在搖動後逐漸沉澱，然後顯現出獨一無二的氣味。

以後發生的事已是舊聞了，十二點大地最黑暗的時候，一個新生命選擇在此時誕生，產後的老婆其實也沒辦法吃下那口湯波，湯波陪著一個全世界最新誕生的爸爸，陪著高雄，一起等待黎明的到來。

雞肉飯同學會

「我們已有多久沒再去劉里長了？」這個同學問道。

「差不多就是一年了。」另外一名同學回答。

眞的，一年就要過去了。十多年前他們都還是高中生，在畢業時相約，每年都要回到劉里長一聚。劉里長是嘉義市東市場邊的一間小餐館，賣雞肉飯和排骨飯，聽說這家小店已在嘉義開了四十多年，價錢幾乎沒有調過，就位在這六個同學上下課會經過的轉角，有人的晚餐幾乎都在劉里長解決，有時一餐就吃掉兩碗雞肉飯。聽說老闆以前眞的當過里長，但他們並不確定，也沒有人眞的問過。

會讓這群同學一往情深於一家雞肉飯店，其實是高二下學期那個姓鍾的男生，有女生忽然就答應要和他吃飯，但要約在哪裡呢？鍾同學忽然慌了起來，平常，他可只去過劉里長，他趕緊徵詢死黨的意見，大家都差不多，有人說：「那就約在劉里長吧，走平民路線。」

那一天，眞是可茲紀念的日子。女生應約而來，和鍾同學站在中間的座位，兩個人緊盯著眼前的雞肉飯，久久都未發一語。女生一點也未察覺，她的前後左右位置坐滿了鍾同學的同學，在那裡擠眉弄眼，對著雞肉飯食不知味。

那場初戀的回憶多麼美好，當然沒有結果，這群同學各自考上大學，離開了嘉義，卻相約從此每年同一個日子，都要回到劉里長相聚。每個人叫一碗雞肉飯，話題總不約而同回到那個女生的身上。他們知道那女生後來考上中部的大學，畢業後上台北做事，嫁給了同校的學長，後來就搬到了美國。每年相聚，每個人都提供他知道的線索，「聽說那個男生長得也不怎麼樣，不知道她看上他哪一點？」這是前幾年相聚的共同結論，後來有人說在臉書看見那女生在抱怨婚姻，顯然過得並不幸福。他們沒有說得出口的是，如果那女生幸福了，不就負了這群都喜歡過她的死黨。

鍾同學嗯了一聲，儘管他已結婚，也有了小孩，大家還是會拿他開玩笑。最後大家舉湯互敬，遙祝那女生幸福快樂，雖然她沒有選擇在座的任何一人，但幸虧早年的一段懵懂的約會，他們才有理由，每年來吃一碗雞肉飯。

雞肉飯，也許眞是讓嘉義人懷念和回家的理由，滑潤的火雞肉絲和米飯必須形成完美的比例，同時還得位在回家的路上。他們還會聚多久，沒有人知道，但每個人的記憶中都有一家，也應該有一家劉里長，當然，這個店名是隨人而異的，回想著，內心泛起酸酸甜甜的年少滋味，雖然，那並不是雞肉飯的味道。

雞排妹妹

基隆不是只有廟口和天婦羅，離廟口夜市不遠，還有一個許多基隆人，不，至少是中學男生都知道的雞排攤。

那些中學生下午下課經過那個雞排攤，不停下來買一塊雞排，當作一種儀式，就好像那天還沒有結束似的。裹著粉的雞排放進那鍋油中，立刻滋滋作響，香遍了這個角落。那個女孩將雞排遞給客人，一定會露出兩個酒渦的淺笑。

好吧，我們加以承認，許多男生是衝著這個賣雞排的女孩來的，他們在臉書瘋傳，打賭誰最先能夠約到她，還熱烈討論雞排女孩的哪個角度最好看。有個男生買了雞排卻捨不得吃，說要一直保存著雞排的溫度，這件事萬萬辦不到，對男孩和雞排的物理構造來說，都是如此。那個學期很快就進入了尾聲，雞排女孩還是在街頭賣雞排，沒有男生眞的約到她。

一個男孩的青春啓蒙，開始於咬下了一口雞排，也開始於呑呑吐吐地終於搭訕，話題還比眼前的雞排多了一些。這件事情，他在家裡和姐姐演練了數回，姐姐一直說他悟性不高，這一點可能是爸爸的遺傳。但不妨就從雞排開始，「聽說，很多雞排都是重組肉？」女孩罕見地提高音調，「我們家用的都是雞胸肉，都是我親手挑選的。」「我媽媽說，最好不要吃無骨的雞肉。」連翻白眼也一起加入了，「每塊雞肉都跟我一樣眞材實料，你到底買不買？」這句話，其實並沒有說出口。攤位上，每塊雞排幾乎都是一樣的形狀，甚至一樣的香味，一樣的不利於身體，這樣形成也送走了台灣人的青春的想望。

但即使在雞排攤上，男孩和女孩的感情也是會有進展的。沒多久，聽說他們偶爾會聊起了電影，聊起了男孩讀書歲月的苦澀，試探地想多了解女孩的家世，最要緊的是，「除了賣雞排以外，還在做些什麼？」「我看妳好勤快，不管什麼時候，都會出來賣雞排。」女孩笑一笑，也不是眞的這麼勤快啦。於是，這樣開始了內心如小鹿亂撞的雞排故事，開始在回家的路上以雞排之名想著，她愛我，她不愛我？

其實，我也只是在食用油風波後經過這家雞排攤，聽到那個女孩邊炸雞排邊說：「我們現在都自己榨豬油。」男生看著攤位上一模一樣的雞排和一模一樣的女生，繼續講著他的心事，也許許多台灣的中學生，也只是想找個對象講講話。等那個中學生模樣的男生走遠後，女孩拿起電話，「姐，那個男生又把我當成妳了啦。」隨即問我要不要加辣，我哈哈一笑，堅決地搖頭。

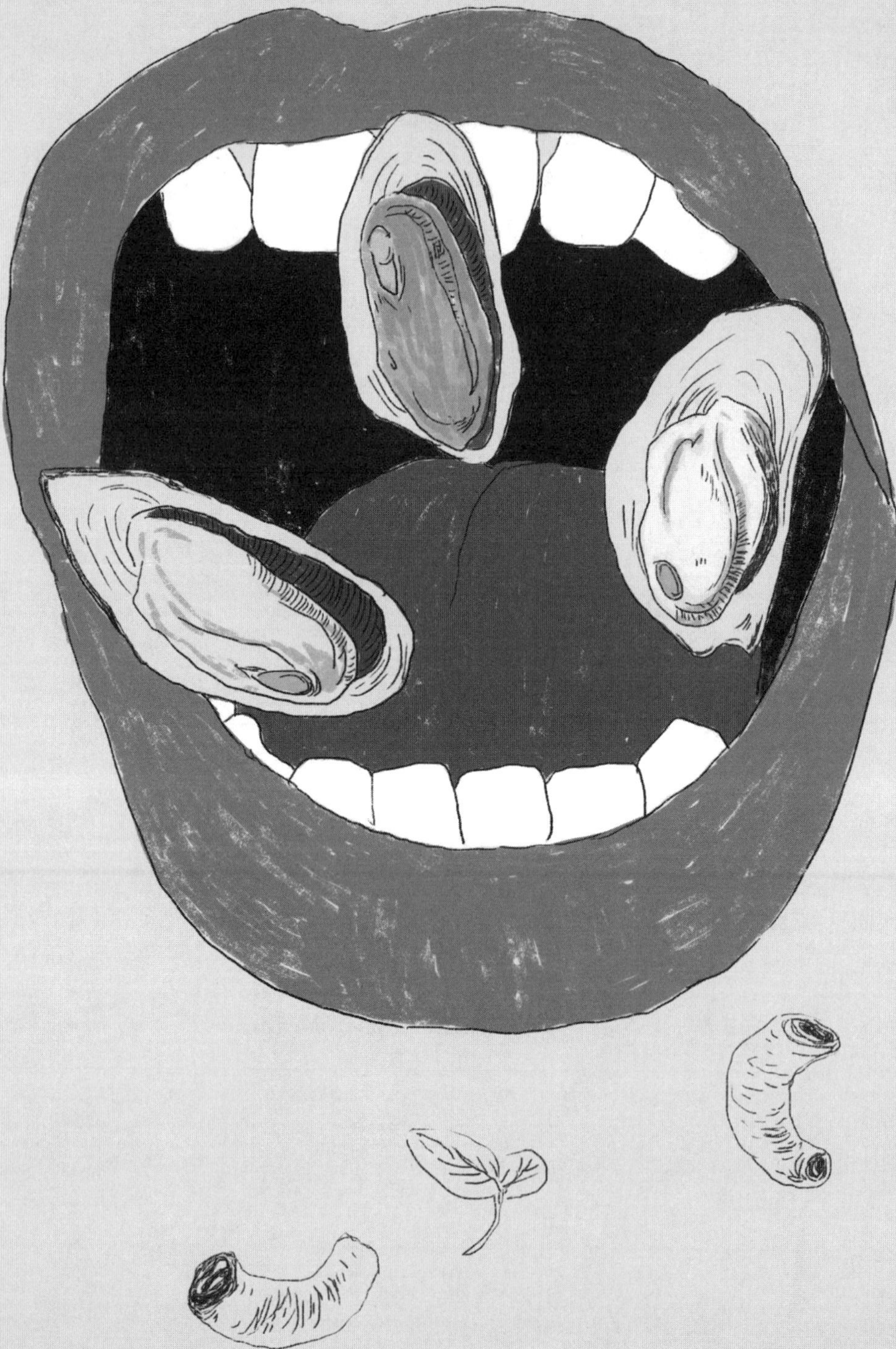

第5道　舌尖上的地誌風景

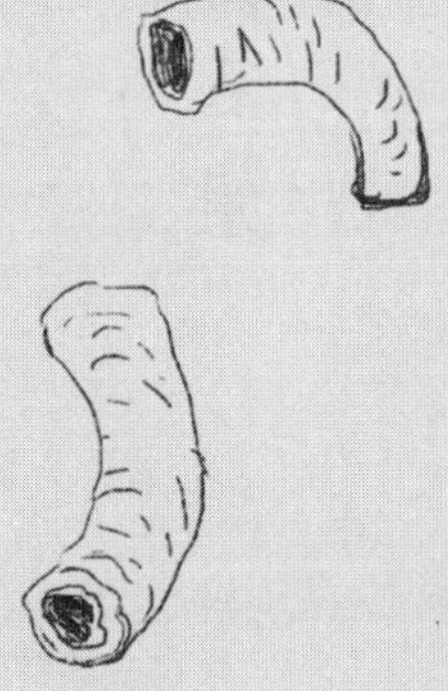

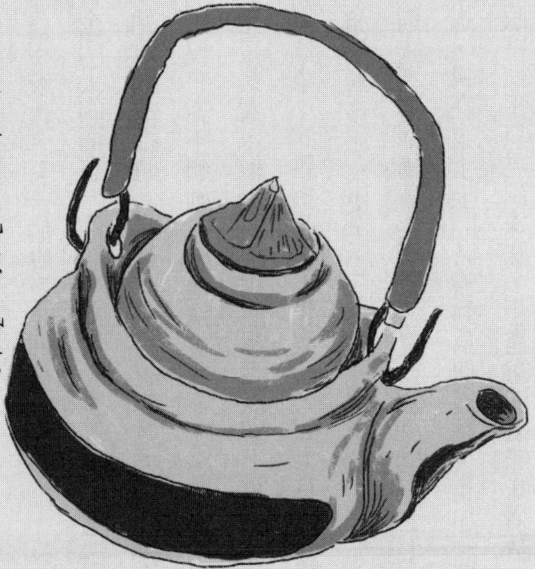

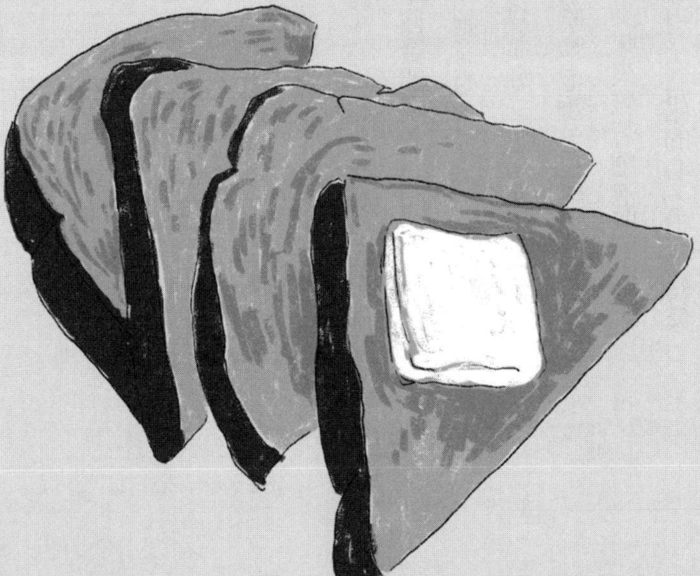

炒泡麵三姐

台中逢甲夜市，有一個專賣金門美食的攤位，最有名的自然就是炒泡麵，那是許多在台金門人的鄉愁。然而，這個女兒每次來吃炒泡麵，心中難免有絲絲的歉疚感，當年她離開故鄉時，最後一句話說的是：「我再也不回金門了。」

金門可沒有對不起她，說她是女兒，在家鄉大家都叫她三姐，最少她的妹妹這樣叫她。她是長女，但媽媽前兩胎都沒能留下來，卻就這樣叫她三姐。在安民村，他們家開了個小小的雜貨店，也賣泡麵，如果有阿兵哥要吃炒泡麵，也附加服務。

她們姐妹看多了來來去去、像候鳥般的阿兵哥，汗臭味夾雜著麵泡開來的氣味，當然還少不了講講黃色笑話。有一個這樣的上士，吸引了三姐的心，但三姐從不讓人知道，只在上士上門時殷勤爲他泡麵，多加一把蔥，有時還附送一顆蛋。然而上士的眼裡似乎只見到妹妹，想盡辦法跟妹妹講話，放假就一起在雜貨店聽廣播裡的歌。

在家裡，三姐看妹妹越來越不順眼，爲了一點小事就大吵一架，妹妹始終不知道眞正的原因。三姐的眞正心情就像炒泡麵，被三教九流、五湖四海的各種菜料、佐料和調味料混合著，變成了一種什麼都不像，卻因而更具特色的特色。

說炒泡麵是戰地金門在物資匱乏下的克難食物，還不如說，那是一曲時代譜成的爵士樂，即興創作就是炒泡麵的主調，能夠吃進肚子的，從皮蛋、臭豆腐、高麗菜、蝦子、九層塔到泡菜，全都在鍋子裡相見歡。那些菜料其實彼此是會吵架的，就像家裡的姐妹相爭，但炒泡麵一概吸收，有如近代的金門，收留了許多天南地北的生命故事，囫圇吞進肚子。

那個阿兵哥吃了不少碗炒泡麵後終於退伍，沒多久又回到金門，和妹妹正式展開熱戀。三姐當然很不是滋味，但直到考上台灣的大學，她才離開金門，在機場她內心發下那個誓，從此眞的沒有再回去過。

唉呀，金門可沒有對不起她啊。在台灣的金門人其實都有一種奇妙的感覺，總不覺得他們會把台灣當作家，而多年前的情愫黯怨，現在也漸漸地秤不起重量了。

她知道妹妹後來並沒有跟那個男人在一起，戀情像她們一起吃過的泡麵，三分鐘就泡開了，熱度卻也難以維繫。

這個故事似乎將加進越來越多的料，全部混在一鍋快炒，挑戰廚師最狂野的想像。直到妹妹跨海來尋三姐，多年不見，妹妹在逢甲夜市尋到她，第一句話就說：「三姐，妳變瘦了。」三姐的眼淚應聲落下，變成那碗炒泡麵最即興、也最特別的佐料。

粉腸阿嬤

我對粉腸有著諸多情結，但那要歸諸於我的父親。

首先發音要正確，用台語發音，是那種紅色的，要發成「粉乾」，而不是豬某段小腸的「粉長」。以前萬華龍山寺旁著名的旗魚米粉就吃過這個悶虧，明明客人點的是紅粉腸，上桌的卻是豬粉腸。後來我再去吃，菜單上列出粉腸（白）和粉腸（紅），用來區別，讓我想起來也不禁莞爾。

小時候在台南，裕農路過去點的關帝廟廣場就有家著名的黑白切，所有的料全和在一個大玻璃櫃中，粉紅色的粉腸當然極容易吸引客人的眼光。我爸爸多半都會叫一份粉腸和白菜頭，沾著醬油膏和我默默地吃。

那份柔軟的口感，在多年後回想起來，就是受過日本傳統教育，總說是不擅表達情感的這一代男人的溫柔。多年後，如果你問我，最懷念家鄉台南的哪道美食，我會很不好意思地說，是一家已經不在的關帝廟榕樹下的粉腸。關帝廟眞的不在了，變成了都市重劃後的一條道路，兩旁建成陌生的大樓，那棵大榕樹連同樹下的土地公廟被連根摘除，還是當年地方的大新聞。台南市那種到處都有好味道的風景也一一撤守。有時候我總會想，到底要那麼多大樓做什麼？

但是，我毋寧要將我對粉腸的美好記憶，歸諸給大甲鎮瀾宮邊的康家粉腸，最少，他們的味道一直都在。不僅是因爲他們傳承下的古老味道，一只烘爐和鐵板以及略呈灰色的粉腸，那味道不同於南部的口味。吃粉腸更貴重的是心意。以前，那個攤位原本是打香腸的，古老的彈珠台決定客人能不能把香腸帶回去，原是台灣民間常見的民俗玩意。康家的阿嬤卻不忍看到沒打到香腸的客人那種失望的表情，自己捏出了灰色的粉腸，從此贏的人吃烤香腸，輸的人就吃灰粉腸，不會什麼都沒有。也許就是這番心意，這個香腸攤從小攤位到搬進店面，如今已是大甲的知名小吃景點了。

吃是我們每天都在發生的事情，食物不僅在我們的肚腸內進行化合作用，食物的情緒進到我們的大腦，早晚也會變成我們的情緒。我時時想著這些由於食物而產生的美好，記得一些稍縱即逝的事物。我開始相信，食物也是稍縱即逝的記憶，我們的舌頭總忙著回味。

就如紅粉腸吧，我常在想該怎樣跟沒吃過的人形容紅粉腸呢？以前我常說：「那是我爸爸那一代的最愛。」現在，知道大甲的那個角落準時地燒起烘爐，一根根的粉腸好像在天涯彼方飄出香味，我寧願帶著微笑，小攤位前耐心地等待。

砂鍋魚頭弟弟

嘉義旅次間，他來載我們到文化路夜市吃小吃，一轉就轉到了知名的林聰明砂鍋魚頭，我們只叫了一小鍋，鰱魚頭和炸過的魚尾藏在豐富菜湯內，味道濃厚，他說，雖然他是嘉義在地人，卻還是頭一遭進來吃砂鍋魚頭。

我說，我依稀記得有位記者在十多年前訪問過林聰明，那時他在嘉義的西市場附近的亭仔腳備料，準備做砂鍋魚頭，湯頭味道重，加入了大把的沙茶醬，她當時還想，喝下這碗湯，大概全身都暖起來了。後來，有嘉義的朋友告訴她，那個年代嘉義的勞動人口頗多，這道砂鍋魚頭，照顧著一代的嘉義勞工。

我們把鰱魚頭翻過一面，又說了一遍那個吃魚不要出海否則會翻船的老笑話。他突然停下筷子，意味深長地說道：「我聽說這個餐廳的舊址，以前是家醫院。」

我繼續喝湯，沙茶醬嗆得我幾乎掉淚。來到靠近嘉義的這一區，他似乎總是會聯想起醫院。在更小的時候，這個兒子也是一個弟弟和哥哥，常來這附近探視他妹妹的病。

他妹妹得了一種在那個年代還算是禁忌的病，認識他這麼多年，我也沒有聽過他提起那個病名。他記得常跟媽媽和姐姐送妹妹去醫院，後來接妹妹回家，就必須有一個人留在家照顧妹妹。「那個人就是我姐姐，」他說，「家裡的照顧者通常落在長姐的頭上，我姐姐因此犧牲了上學的機會，她後來嫁了人，因爲家裡沒人照顧，妹妹也必須跟過去，沒一年就離了婚，兩個姐妹又回到了老家。」

我看著分離四散的魚頭，說道：「每個人的家庭歷史都會留下資產的，像這家店就是因爲林聰明的爸爸很會跳舞又愛釣魚，釣來的魚做成私房菜，才演變成現在的嘉義美食。」

他說：「那你覺得我姐姐得到的資產是什麼呢？我幾乎從沒有看過她穿過一次漂亮的衣服，只有去工廠工作那幾年，她才離開了家，但我妹妹常常偷騎腳踏車去找她，後來也不做了。」他是家族裡唯一上大學的，他說不是因爲他功課好，而是因爲他是男生，爸媽覺得應該讓男生去上學。他上台北那天，姐姐還去買了一串鞭炮，送他走到噴水池邊搭巴士，「弟弟，你要連我的份也一起讀起來。」姐姐這樣跟他說。

嘉義旅次，在砂鍋魚頭和大碗的沙茶醬間，我首次聽聞了這個故事。我說，這證明了嘉義其實是座照顧的城市，從一鍋照顧勞動者的砂鍋魚頭，到那麼多犧牲青春的上一代女子。我說，要不要包一鍋魚頭回去給你姐姐吃？他想了想，這樣也好，但姐姐食量不大，就包小份的吧。

吐司男的歌

新竹峨眉鄉十二寮，不僅充滿湖光山色，在道路轉角林木扶疏處，那間小小的「黃金傳說」，賣著窯烤麵包和披薩，也是這個男人的舞台。

眞的是舞台喔，下午的出爐時間一到，他忙著高喊「麵包出爐」，招呼客人試吃他家的甜菜根吐司和地瓜吐司，他也不忘記拉下銀幕，跟客人秀一段當年他組樂團時的MV，來來來，幾個年輕人在螢幕上高聲唱著快樂的歌。他拿起麥克風，沉浸在往事的回憶裡，但來不及唱歌，又對著吧台後的烤窯高喊「要塗蛋液了」。在鄉間飄出香味的一個個吐司，此刻就是他譜寫的歌，同樣出自他的手筆。對著外頭喊一聲「麵包出爐」，現在是他最接近唱歌的時候。

這個男人說，回憶啊，當年他們那個五四三樂團出專輯時，恰好遇到白曉燕命案期間。舉國震驚、憤怒，他們那過於歡樂的曲調顯然不合時宜，於是唱片公司決定停止所有的宣傳。更時運不濟的是，他們的一位團員在齊秦北京演唱會上摔落舞台，血栓堵住呼吸，斷送了年輕的生命。他至今仍惋惜朋友的離去，「就是這樣，」昔日的歌手捧著剛出爐的吐司說，「有時候人就是會遇到這種運氣。」

離開樂團，也離開城市的生活，他回去和爸爸學習做麵包，終於在十二寮鄉間開了這間麵包披薩坊，舉凡木桌木椅和斗笠做的吊燈、烤麵包的窯全都自己打造。簡單的展示架擺放著各式吐司，陽光在麵包上迴轉，他對著不時經過的車輛喊著：「窯烤麵包。」忘情地感覺那是他的一場正式演出，正等待客人給他的吐司喊一聲安可。

我們在都市生活裡吃過各式各樣的麵包和吐司，早已忘記了熱情和真意，也早無法體會，一個男人可以怎樣愛著他做的吐司。鄉間的吐司也如同簡樸的客家村落，沒有過多華麗的詞藻，就是真材實料的生活，嘗著味道。他充滿自信地說道：「我們的吐司看起來不怎麼樣，卻真的很好吃。」當下我覺得，他是把吐司當成了自己的家人，對自己的家人最好的讚詞也不過就是這樣。我想像在新竹的鄉間，每天吃著甜菜根吐司，過真材實料的生活。

說句公道話吧，他沒有繼續留在歌壇，卻讓世上多了一個快樂的麵包師，一個以前取名為ＨＡＰＰＹ的吐司男，好像其實只要你肯嘗試，這個世界也慷慨地給予你翻身的機會。那些在午後的陽光下靜靜躺著的吐司，消化了一個男人的故事，把感嘆化成歡樂如同排列在五線譜上的音符，等著在舌頭上唱歌。

肉圓和一個孫子

來到台中清水，很難不注意到那家肉圓店。它從來就不是一家店，只是在車庫擺著板凳，圍著炸肉圓的攤子，客人點了肉圓，就地坐在板凳上吃，遠遠地看，就好像一群人蹲在那裡。

每每讓他動容的，卻是那個炸肉圓的老闆的神情，總讓他想起了祖父。那白頭髮的老人就只是坐著，也不太搭理絡繹來往的客人，就好像客人來吃肉圓，一點也不關他的事，多半時間，他就只是望著那個油鍋，和在油鍋中浸泡著的一粒粒肉圓。有時他想，也許眞的這樣過一輩子也不錯。

他看著貼在牆上的招牌，這個賣肉圓的人家應該是姓蔡吧，聽說在清水這一帶已經是第四代傳人，同樣的口味不分寒暑，也不管朝代更替，已經傳了六十年。他想像這個老闆的曾曾祖父就坐在同樣的位置，用著同樣的姿態望著他的油鍋，當然，肉圓背後的靈魂也一脈相承。其實，在不同的季節來到這裡，也能分得出口味的差別，在冬天，內餡包大頭菜，到了夏天則改成竹筍。他想，就這樣分著季節吧，能夠這樣過一輩子，好像也不錯。

然而，輪到他自己的選擇時，他卻沒有做這樣的選擇。小時候在清水，他不只一次地望著祖父照顧著油鍋，忠實的客人圍繞著他，有如虔誠的信徒，那一粒粒的肉圓就像是獻祭品，小小的他，總是將祖父想像成大祭司，神態瘦小的祖父只有在油鍋前才顯露光輝，每家肉圓店都藏著這樣的祕密。

祖父的店卻沒有像那家車庫前的攤子一傳就是四代，他爸爸沒有接下，輪到他時，他並不覺得他會有耐心，每天坐在同一只油鍋前，守著一粒粒的肉圓在油中沉浮。最主要的理由是，他根據自己的興趣發展，到台中進了會計師事務所。祖父晚年時，也沒有感嘆子孫不再傳承他的肉圓手藝，有一天，炸完了最後一鍋肉圓，他們把店收起來，貼出「店面頂讓」的海報，淡淡地結束了祖父長達二十年的肉圓店。

二十年怎麼能跟六十年相比，一代怎勝過四代的傳人，在清水這一帶，開著許多好吃的肉圓，那些堅持下來的，總會有著讓傳人自豪且堅持的特色。祖父在世時，這個孫子從沒有想過要去問祖父，「你做的肉圓會讓你自豪嗎？」現在，他卻好希望還有清水人記得祖父的肉圓，還有人記得用祖父的手包出來的味道。

「也許，這位姓蔡的白頭老闆還會記得我祖父，他們畢竟是同行。」每次，他都想要開口問問，然後找個牆邊的板凳坐下，好好地吃他手中的肉圓。

龍鳳腿和基隆人

當林強唱起基隆碼頭鐵路邊那個賣黑輪的阿伯時，這個兒子就知道，他的故事也被唱在那首歌裡。

不是真的有被唱到，當年林強也不可能認識他，他沒有像歌中的男主角那樣，在基隆碼頭打工後來還去台北開車行，他幾乎都留在基隆，連工作也沒有離開。因此，他更有資格，將那個阿伯的攤位納進他的故事。每個人其實都擁有一個故事，從他小時候住的眷村和後來住的社區向基隆碼頭走去，就會經過阿伯，每個基隆小孩都這樣叫他。頂著龍鳳腿和燒賣的招牌，「燒賣」寫成「燒邁」就這樣一直錯下去。

他喜歡吃的是那味龍鳳腿，有別於其他攤位賣的龍鳳腿，阿伯的口味是蒸的。他在電視上看到有個男人說，阿伯賣的龍鳳腿是基隆人才會來找的道地味道。沒錯，他也是這樣想，不管天黑了、潮漲了，不管基隆怎樣的變和不變，他只要想到有個阿伯的攤位一開就是幾十年，遠比他的生命還長，他想，也許這也是基隆人的一種幸福。

他跟電視上出現的那個男人住在相同的社區，以前，那一帶都是眷村。那個男人回憶道，他小時候的家只有一面牆，其他的牆都是別人家的。他家還好，但隔著牆，就能聽見隔壁的吵架聲、電視聲和炒菜聲，有時他甚至懷疑可以聽見打鼾聲。「但是，如果你眞的住下來，」這個兒子說，「你就會發現基隆其實沒有那麼糟，也沒有台北人說的那麼落後。」龍鳳腿，其實也是這樣的一種食物。

基隆有許多魚漿做的小吃，更有名的天婦羅就是，魚漿標記著基隆還是座小漁村的過往，沒有賣掉的、眼看就要過時的魚類磨成漿，祖先的克難吃食發展成子孫的特色，有人想要急於擺脫，以爲那像是種不光榮的印象，也有人回頭擁抱。當年，漁村裡的小孩不太有機會吃到雞腿，大人於是用魚漿做成雞腿的模樣，油炸過後定型，就跟孩子說這是雞腿，還取了個比雞腿更冠冕堂皇的「龍鳳腿」名稱。小時候，他爸爸沒有跟他這樣提起過，但他說，有一天，他會跟孩子講這個故事，「然後，我會跟孩子走同樣的路，來吃這家龍鳳腿，當然，如果阿伯還在的話。」

二十年來，阿伯幾乎總是沉默寡言的模樣，他也沒有像林強歌中的男主角那樣，因爲阿伯的一席話而改變了一生，但是，如果有一個人這樣的堅持著做一件事，讓想起來的人都覺得感動，已勝過千言萬語。

不管天怎樣黑下來，不管雨什麼時候會下，不管火車來或不來，龍鳳腿是屬於他這一代基隆人的資產，他的幸福滋味。

野生鮭和男人

這幾年，已過七十歲的他，都會從西雅圖歸來台灣。他隨身攜帶著一個保麗龍盒，用布緊緊包裹，放著西雅圖當地的燻鮭魚，只爲讓台灣的親友一試其味。

是阿拉斯加的野生鮭魚，這幾年在台灣，也由於野生鮭的油脂和營養價值高，成爲台灣老饕口中的極品。根據他的說法，野生鮭魚溯溪游到西雅圖附近，被捕獲，然後跟著他輾轉飛到了台灣，進了衆人的肚子。

這是趟多麼遙遠的旅程，從阿拉斯加到西雅圖，再從西雅圖到台灣。三十多年前，他的旅程可卻是循著相反的方向。當初，他在台北羅斯福路開補習班，出了幾本升學講義，但那時著作權觀念不盛，一再被其他補習班盜版，於是才動念前往美國發展。那時，他的表嫂還帶著一歲大的小兒子去補習班幫忙，現在，長大的小兒子和表嫂一起分享野生鮭魚。

他和老婆到了美國，和許多移民的台灣人一樣想開餐館，先試賣冰淇淋，生意做起來後才陸續開餐館，在墨西哥有兩家分店賣披薩，也賣台灣人的菜。

在美國落地生根這麼多年，每當他要回台，表嫂總會跟朋友說：「我那個美國人親戚要回來了。」頗有法國導演雷奈那部《我的美國舅舅》的感覺，但異地的生活有時也眞不易，前幾年，他在美國長大的兒子在墨西哥遭到綁架，用布袋綑綁，用意是要錢，當地警方幾乎袖手不管，說那是勞資糾紛，他多次斡旋，幸好這件事終於和平解決。從那以後，已過七十歲的他加多了回台灣的頻率，有時只是過境，有時，只是想回來。

在飛機上，在漫長的移動著的天空間，一個返鄉的老男人帶著一盒想要返鄉、卻被帶向更遠方的鮭魚。野生鮭魚的皮既厚且韌，因應著阿拉斯加的寒冷天候儲積著豐厚的油層，用薄薄的木片包裹，也保存著煙燻的好味道，是阿拉斯加當地漁民和土著傳下來的吃法。看過《到葉門釣鮭魚》那部電影和小說的人肯定會記得，野生鮭魚無法在熱帶水域存活，能夠在葉門河中活下來的，只有養殖的鮭魚，但味道卻如天南地北。「養殖的鮭魚經過了幾代的繁殖，卻失去了返鄉的天性。它們只依靠漁民的飼料，總有一天也會失去奮鬥的本能。」奮鬥雖然總被人們謳歌，傷痛的感覺不曾稍減。

如果再經過幾代，他的子孫都忘記了返回台灣的天性，這個年輕時充滿了夢想的老男人，會成爲他的家族史裡還一再返鄉的唯一一人嗎？他的記憶如在溯溪時遍體是傷的鮭魚，總是帶著傷抵達原生地。

西瓜綿和舅舅

他一直相信，七股的這家溪南春，其實是一座人生的劇場。

第一次來已經是十多年前的事，和舅舅、舅媽、外祖母和其他家人來，這間由舊日魚塭和房舍改建的餐廳，當時在水湄邊還有個小小的屋子，跨在水上，大概是供人避寒用的。舅舅要選里長，找家族的人來聚餐，他記得舅舅那天興致極高，喝了幾杯酒，還和舅媽一起高歌一曲。樸實的外祖母一生務農，不習慣這種場面，只是靜靜地看著，坐在席上吃著菜。

那次，舅舅如願選上里長，但他和舅媽的關係開始生變。一起初，好像只是爲了買房子的問題，多少也爲了孩子的教養問題，舅媽帶著兩個男孩住到永康，只留下舅舅一人獨自住在老家。關係隨著身體的分離而加速惡化，當他知道這件事的時候，這對夫妻已經多次怒目相向，甚至也不再往來。他舅舅是做事鋼線條的人，做什麼都一板一眼，但這樣的個性反而有礙關係的維持和發展，過年過節，就剩下舅舅一個人過，剩飯剩菜湊合當一餐。

也是後來知道的事，他舅媽如此的記恨，兩個男孩長大的過程，始終灌輸著他們對爸爸的怨恨，說這個男人多麼不顧家，是他們這個家裡「多餘的人」，但事實眞的就是這樣嗎？他舅舅把畢生的希望寄託在小兒子的教育上，小兒子果眞考上醫學院，有一次卻對著他爸爸說：「我是單親媽媽養大的，你是一個多餘的人。」

再次回到溪南春，已經是十多年後的事。小漁屋已經拆除，外祖母也已去世，他舅舅又出來選里長，擺了桌請家族的親戚，這次只有他單獨赴席，不復見舅媽和兩個應該已長大的兒子，那天，舅舅獨自唱了一首歌。

兩場餐宴上，相同的是都上了西瓜綿虱目魚湯，透明的玻璃湯碗裡盛放虱目魚肚和西瓜綿，彷彿一幅漁村才有的浮世繪。說也奇怪，西瓜綿雖然味偏酸甘，他卻想起了七股的鹽山，和鹽分地帶特有的鹹鹹的風。西瓜綿傳承甚久，在鹽分地帶，尤其是學甲、七股這一帶，採下剩餘的小西瓜，抹上當地的鹽醃製，煮成酸酸的魚湯。當鹽分地帶不再產鹽後，這個醃製的傳統仍然傳了下來。

讓他產生想像的，卻是「多餘的」這個字眼，在食物譜系裡，祖先將原本無法食用的小西瓜轉變入菜，自成一味：在家族中，又有誰是多餘的人呢？一個被認爲不盡責的父親，身體分開、形貌印象稀淡的家人，還是怨恨歸集的對象？

他知道，確實地知道，多年以後，舅舅一家已是無法解開的死結。所以，他能做的，僅是舀起一碗西瓜綿湯，品味人生的酸後回甘。

豆花和兒子女兒

在我的經驗裡，豆花總是跟手推車聯想在一起，那是一種流動的食物。你會不經意地在城市的某一個角落，遇見豆花的手推車，好像已經等你很久了，叫一碗，老闆就從大桶子裡舀出白澄澄的豆花，順便還問你要不要加薑。

有個豆花的手推車，老闆是個戴著眼鏡、永遠有一抹笑的中年人，每天固定從台北市的吳興街出發，走走停停，從早上一直走，走到光復市場附近，下午又循著相同的路線繞回去，如果你掌握了他的路線和出現時間，他就像忠誠的家人，成爲生活的一份子。

後來我才知道，那個中年的老闆，這樣推著推車已經賣了十九年，他就靠著這攤豆花，養大讀國中的兒子。每天早上，兒子會早起陪他做豆花，然後父子才一起出門，一個去上學，另一個走上同樣的道路。

問他，怎麼開始想到賣豆花的？他說，是他爸爸開始賣的，一賣就是三十年，算算那時候，台北東區到處都是田地和荒野，也不見現在的繁華，你可以想像一個手推車出現的場景，這攤豆花算是時代變遷的見證。「我的豆花口味來自我爸爸，路線也是，我現在還是照著我爸爸當年的路線在走。」從吳興街到光復南路，那條人車繁忙、浮光掠影的路線，處處都見得到他爸爸的回憶。我再問他，會不會讓兒子接續他來賣豆花？他笑著說，那要兒子自己決定吧。但他自己小時候，和爸爸上街頭走過那幾個年頭，他接下來賣豆花，好像也是理所當然的事。

寧夏夜市附近，有一家聽說很有名的豆花專賣店。那個老闆娘當年也是手推車開始的，她陪著媽媽推著豆花上街，還在讀小學的年紀看見路人生澀，一開始還不敢喊「豆花」，後來才慢慢地熟練，放開嗓子，那時她在同學間的綽號就叫「豆花」，開了一家店，生命總是離不開豆花。我想，在小小的年紀，如果有過沿街叫賣豆花的經驗，練練見陌生人的膽量，應該也是不錯的童年鍛鍊。他們研究改良豆花的味道，嘗試各種添加物的感覺，最後卻發現，最好的豆花就是沿襲古法，把爸爸媽媽的那一套留下來。

原來，豆花也是一種家族可以傳襲的食物，也許，豆花的柔軟和香氣有一種吸引力，讓兒子和女兒都捨不得離開。有人跟我說，豆花是製作豆漿的副產物，同樣來自黃豆，黃豆是這個家族的大家長，但傳衍演變下去，就有了似曾相識、卻擁有各自風味的食物。我說，寧可這樣想，每部豆花手推車背後，都有一個家族的故事，也都有一條傳襲下來的路線。

火鍋和爺爺

寒冬時節，在衆人的歡呼下，掀開火鍋，發散騰熱的蒸氣，夾進第一塊肉。從多久以前，火鍋就這樣陪伴著我們。

我們會這樣期待著火鍋的陪伴嗎？曾經有一位這樣的企業家，在七十歲以後花重金，要找一鍋他記憶裡的美好火鍋。這位老企業家擁有龐大的資產，自從唯一的兒子和妻子去世後，他遠離家族，一個人埋首在事業中，從來沒有想到要退休。他擁有了一切，卻開始懷念起很久以前吃過的一鍋火鍋。

所有的廚師和餐館都來了，帶來了所有想得到的昂貴食材，加進了火鍋，讓火鍋成爲了味道的實驗皿。企業家卻一點也不滿意，隨著歲月流逝，他感到自己在世上的時日無多，脾氣越來越暴躁，有一次甚至還說出：「誰能做出那鍋火鍋，我就把財產留給他。」

還有人考據乾隆皇舉辦的「千叟宴」，根據清代的歷史記載，找來相同的食材和火鍋具，在南部辦了一場千人的火鍋盛會，但企業家還是不滿意，他越來越沉默了，也越來越孤單了。

這個事情，當年在南部流傳一時，後來隨著老企業家的病逝，再也沒有人提起往事。只在業界留下了一句感嘆：「要找到一鍋完美味道的火鍋，原本就是不可能的事。」

幾年前，我在台南西門路廟口的火鍋店，聽見了這個故事，說起故事的廚師也是聽別人講的，說那個老企業家去世前，其實真的吃到了他滿意的火鍋。喔，我不禁好奇，那樣的火鍋哪裡可以吃到，要不要花掉我一個月的薪水？

說故事的人說：「我聽說那鍋裡只有青菜、豆腐和五花肉，連沙茶醬也沒有準備，只放了一盤醬油。」

「這鍋火鍋有什麼特別的嗎？」我問。

說故事的人說，那個廚師很有心，訪問老企業家談起他記憶中那鍋火鍋的細節，也掌握了老企業家平時的味道偏好，最重要的是，那鍋火鍋是誰做給他吃的？我靈機一動，說：「不會是他小時候吃過媽媽做的火鍋，所以他一直懷念到老嗎？」許多關於食物的故事，總離不開媽媽的味道。

也不是這樣的，我聽到的故事是，那天老企業家看到那鍋火鍋，其實相當失望，但沒多久，從寒冷的戶外，他所有的孫子和孫女都湧進來，也不理這個脾氣頑固的老爺爺，搶著吃火鍋。有個他沒見過面的小孫女，還搶走了老企業家已經夾起來的一塊肉，大嚷：「老爺爺，怎麼肉都這麼少，好吝嗇。」我又聽說，那天老企業家根本沒有吃飽，卻從此不再提起這件事。

那是老企業家所尋找的火鍋嗎？沒有人知道，現在，也不會有人知道了。在西門路的這家火鍋店，一個家族老老少少，就在我身邊開始搶起了火鍋。

淡菜和馬祖人

在馬祖，淡菜的產季是五到九月，差不多進入八月，他就會將淡菜打包，快遞給台灣的友人，也算是來自馬祖的一番心意。

他是馬祖身心障礙協會的永遠的義工，人稱郭大俠，不僅因爲他是某報駐在馬祖的記者，他也是道道地地的馬祖人。小時候，他住家在北竿，那時馬祖還是神祕的軍事基地，海灘上布滿了地雷和防堵水鬼摸上岸的鐵絲網。那時候，就已有人在河邊撿拾貝類，有一天傳出轟然巨響，他們說，有人觸到地雷了，但那個時候，這種新聞絕對是上不了報的。幾十年後，他當上了記者，偶爾還會想起這件往事。

他一直沒有車，但在馬祖，他也不需要車，要去採訪新聞，只要隨手招便車即可，馬祖人全認識這位郭大俠。譬如，馬祖的長官常開玩笑說，只要郭大俠一現身，他們就頭疼，他肯定要把握各種機會，爲馬祖的身心障礙朋友爭取福利。

馬祖的身心障礙者雖不多，卻像是個大家庭，郭大俠常說，馬祖輪椅族最大的問題是路段太多坡段，這跟馬祖的地形有關。在起初，那些朋友們躲在角落裡，不敢走出來，他和協會的夥伴一一拜訪，邀他們來參加活動，慢慢地融入到這個大家庭，慢慢的，常有老人家在午後慢慢地行過坡路，走過協會前那株高大的檸檬桉，要來找他聊天。

要像一個大家庭，首先不能少的是要有個大冰箱，他們向台灣社團募得一具大冰櫃，從此中秋節或其他節日，就可冷藏肉類和海鮮，招呼大夥一起來烤肉。聽說有一次縣長來訪，站在大冰櫃前納悶了好久。

淡菜也總是有的，盛產季也剛好躬逢中秋。馬祖是淡菜最大的養殖地，但說是養殖，其實用馬祖人的說法，更像是儲存在大海的這個大冰箱裡，「要吃淡菜的時候，我們就把它撈上來。」台灣人常以為淡菜就是孔雀蛤，其實不太一樣，就像馬祖人的故事，也不能全歸類為台灣人的一樣。

這個時節，馬祖的餐廳前會擺個水盆，把淡菜養在裡面。淡菜紫黑的外殼來自遠古混沌的顏色，在柔軟的貝肉後纏繞著海草般的口感，總讓人聯想起海洋，和馬祖人獨特的人情味，那種滋味絕對不是略嫌單薄的孔雀蛤能夠比擬的，孔雀蛤總覺像溫馴的家禽。有時候會覺得，小小的馬祖，其實就像是一個大家庭，彼此就像養在海水裡的淡菜，在深邃的深藍裡分享養分。

單身的郭大俠在馬祖的一角，創造了一個大家庭。他寄出淡菜給遠方的友人，淡菜彷彿替代著他的心意，別忘記了馬祖。

文蛤紀

關於一切即將消失的，莫若升起眼前的外傘頂洲，在東石，搭棚子的浮船仍依約前往那座浮洲。遊客就趁這短暫的航程吹拂海風，炎熱的南台灣季候，但關於消失，他們如何敘說？

尚無人將浮洲當作家鄉，沒有所有權，沒有門號，也沒有人宣稱歸來或是回去，反正最後總會消失，沙在人們眼前緩慢流失，最初的也是最後的土地。那些在海沙裡鑽洞的和尚蟹顯然不知道浮洲的命運，還無牽無掛爬行，讓遊客捕捉。

「約莫是十年內的事，」渡舟者說，「所以請大家回去後多多宣傳，要看外傘頂洲請提早預約。」在東石港邊，一早就有遊客和團體預約，搶著登上最後之旅。

「我怎麼聽說是六年，好像是電視台的新聞。」遊客的其中一名說道。

「不是六年就是十年，這個外傘頂洲就會消失。」渡舟者說，好像某種罐頭的製造廠商，必須盡責地在馬口鐵上印上使用期限，包括那座沙洲的使用權，浪花和落日。

「如果就說是十年，這樣十年後，沙洲流失的那一日，我們這批人再度登上外傘頂洲，再來一場最後的告別吧。」這番話聽來像是一種從未來伸出手的邀請，沉默隨著單調的引擎聲蔓延，沒有人確定，十年後這群人還能重聚。

「但是，如果沙洲沒有了，我們來追念什麼？」女孩撐著洋傘，仔細地在臉上和手臂塗防曬油。在出發以前，她一直以爲他們是要去吃海鮮。

海鮮是一定要吃的，在狹窄的內海內，有往來的竹筏，蚵架低浮連綿，隨著海水的心跳節奏，結滿飽滿多汁的蚵殼，如海裡的葡萄，總說那是人們給海神的獻祭。在船內油炸花枝丸、剝蚵煮湯，滿足遊客的胃口。不管到了哪裡，是不是要開始憑弔失去，他們總是得要吃的。

吃是台灣人那麼重要的儀式，爲了各種理由大飽朵頤，對於懷念一座外傘頂洲的進行式，最通常的方法就是吃掉這座浮洲，想像把潮汐和風景都吞進肚內，一面吃著剛剝開炸熟的蚵仔或者一枚文蛤，要在心中默念：「是的，我已經找到關於追念最理想的方式。」每種吃其實都是爲了懷念，吃進去那項食物就不再存在，只剩下鹹鹹的、酸酸的、甜甜的各種滋味般的嘆息。

「儘管吃吧，都是這裡的食物。」渡舟者殷勤說道，好像他們把大海當作廚房，伸進筷子就有美食，大海吐出無可限量的文蛤、蚵、花枝、魚和蝦。在唯一見得到人造建築的竹篙厝不遠的海灘，順著潮汐流動用竹耙耙出躲在沙灘上棲息的文蛤，在沙地上留下孩童書寫過的痕跡，一條一條的筆直字跡，文蛤逐一現形，無處可逃，等著被丟進滾熱的沸水，吐沙，散發出貝類的獨特氣味。夏日，來到外傘頂洲的孩子就在沙地上撿狼狽的文蛤，一些命運和生死在命名爲追念的旅行間一再的輪迴，也有孩子鋤起一手掌的沙，說：「我要帶回去好好的追念，當作這個暑假的作業。」爸爸跟他說：「但如果每個人都帶走一把沙，會不會加速沙洲消失的命運？」一聽，孩子立刻放掉手中的沙，好像沙洲的即將消失，就是他惹的禍。那把沙隨即消逝在海風中，更迅速的解構，始終沒能再回到原處。

關於懷念，不如說懷念起一種幽情的旅行，什麼時候還能再有一場這樣的旅行，坐上船只爲了走上一塊不算陸地的地方，撐著陽傘在海風和炎陽下站一會，覺得能夠虛擲時光畢竟也是一種幸福，吃只是爲了懷念，走過只是爲了看自己的腳印會不會陷進沙內，「這座沙洲是怎麼來的？他的爸爸媽媽呢？」孩子問道。

「是很久以前流浪來的，」這樣敘說海洋和土地的歷史，「沙洲是土地的孩子，卻捨不得分開，就留在了陸地的身邊。」沒有說出口的卻是，「孩子，有一天你要從父母身邊離開的。」

關於敘說，那總是敘說不盡的。不如留給渡舟者在下一趟旅程賺取外快，等著一鍋文蛤湯的沸騰，已又走了外傘頂洲一圈，已經接近落日，台灣海峽上海風如返鄉的幽靈，爲找不到自己的軀體而哭泣，「沒有了軀體最讓人遺憾的是，我已無法擁抱。」想像那即將煮沸的文蛤這樣的嘆息，掉落在薑和蔥花間。想像在幾年內就將消失的沙灘上播放一首〈沙灘上的陌生人〉，蹲下來趁熱喝湯，把軟軟的貝身咬在嘴裡。「我既已要將你吃掉，從此我們就已不是陌生人。」這樣的和文蛤對話，繼續說道：「我要寫一篇追念的文章，就取名爲〈沙灘上的陌生人〉如何？」想起還有一首歌，南方二重唱唱的：「你是否願意當那海裡來的沙，隨著潮來潮往遇上了我。你是否願意當那海裡來的沙，是否回答海裡的沙。」很想就在此處，在海風和天空下唱起這首歌，卻怎麼想也忘記了曲調。

文蛤默默在意識凝結思緒，「你就要把我吃掉了，你寫的這篇文章，應該要有我的名字。」

遊客端著碗排隊，依序舀湯，隊伍漸漸靠近，「好的，我會認眞地想想看。」文蛤對每個準備將她吃進肚的人都這樣問道：「你喜歡我的味道嗎？」卻從沒有人當作一回事，只是塞進了口腔就忙著咀嚼。這是多麼可惜的，文蛤在死去前想道：「回答的人，我將送給珍珠。」

於是，文蛤靜靜地滑進了喉嚨，如此安靜的，沉寂的如同未曾書寫的一個句子，如同十年後來到這座海洋所見。

土瓶蒸的兒女

高中女生和同伴聊天，話題不離食物，講到日本料理，女生突然說：「土瓶蒸是天底下最好喝的湯。」同伴興奮接腔：「我也是。」一講到土瓶蒸，一群人的興致全來了，女生還提議，來辦個喝土瓶蒸大賽，看誰喝下最多壺的土瓶蒸。

後來，他們還評比喝過的土瓶蒸，列出好喝排行榜。從宜蘭的日本料理店、三峽的名氣店到台北市那家連鎖日式吃到飽，都榜上有名。女生說她有一天要組一個土瓶蒸考察團，吃遍全天下的土瓶蒸。

她的夢裡，卻可不能缺了爸爸媽媽。當年，可是爸爸媽媽帶她去鶯歌玩，在一家陶藝作坊裡，老師傅要親子檔試作土瓶，老師傅意有所指地說：「土瓶蒸是天底下最好喝的湯，用自己做的土瓶來喝，更是天下美味。」他們滿手都是陶土，在轉動的轆轤上卻弄不出個形狀。當然，可想而知，爸爸掏錢買了個土瓶回去。而且，媽媽只用那只土瓶裝過一次湯，從此就放在閣樓的置物箱。

土瓶蒸是一種古老的食物，用土瓶來裝那一小盅湯，當然不是爲了喝湯，而是爲了順應茶道文化的興起和盛行。在室町或德川幕府時代，總不能一天到晚喝茶，要塡肚子又要優雅重禮，就有廚師想出了土瓶蒸的點子。總不能在迴游式花園或金閣寺，感詠櫻花盛開之餘，還大啖炸豬排和相撲火鍋的吧。

但是，這個女兒到底是懷念土瓶蒸的味道，還是小時候跟爸媽一起的那趟鶯歌之旅呢？上了高中以後，女孩有了自己一國，就很少再有機會和爸媽一起出遊了。有一次，她心血來潮，上閣樓想找到那個土瓶，帶到學校和同學一起做土瓶蒸，找是找到了，但歲月在樸拙廉價的陶瓶留下了斑駁的痕跡，很像是陳年的記憶，大概已不適合再用來喝湯，她想了想，又把土瓶放了回去，有些記憶，也許留在過去也好。

一口口地斟著喝，像是日本電影裡的文人品茶，土瓶蒸的喝法絕對不是重視花巧的，也絕不誇張，像以前台灣人間的夫妻和親子關係，愛是殊少說出口的，但溫溫的一個眼神，問一句「吃飽了沒？」在小巧的茶壺蓋裡啜一口清湯，一次一口，天長地久。

媽媽是跟女兒說過這麼有學問的話：「你看，一個個土瓶蒸就像一群嬰兒房裡的小寶貝，外表看起來都差不多，要傷腦筋的恐怕是爸爸媽媽了。」女兒那時正要喝一口湯，她歪著頭想，她這個女兒，曾經讓爸爸媽媽傷腦筋嗎？

直到現在，當你來到鶯歌，路過那家陶藝作坊，老師傅還在，只是更加蒼老了，還是會招呼客人：「來做個土瓶吧，土瓶蒸是天底下最好喝的湯。」

飛魚和蘭嶼的兒子

晴朗的時候，登上蘭嶼島，沒過多久，就會看見曬飛魚乾的棚架，在陽光和海洋充盈的南國，黑潮帶來的飛魚漁汛，一直受到達悟族人的期盼。春季來臨時，他們舉行招魚祭，等待著出海豐收。

但有一種東西，達悟人並不期待。他們對死者一直存在著深深的恐懼，也衍生出種種的民俗禁忌。譬如，傳統的達悟族人認為，若有人在外頭發生意外，他的遺體就不能回到家中，也必須遵照習俗迅速地下葬。

有一個蘭嶼的兒子，年輕時也和其他年輕人一樣，來到台灣本島工作。後來他得了癌症，住在花蓮的醫院裡，眼看病情已無法好轉，這個兒子透過醫院的志工表達，他有兩個心願，希望臨終時回到家裡頭，同時能有個基督教的安葬禮。

志工師姐把訊息帶到蘭嶼，兒子最後的心願，卻在家中引起了革命。他爸爸是個老式的長老，堅持不能讓兒子回家，於是，就展開了兒子漫長而艱苦的哀求。

兒子在病床上，用僅餘的氣力寫信給爸爸，回憶起小時候看著爸爸和哥哥們坐船去捕飛魚的往事，飛魚乾帶著他編織過許多的童年往事。「我從那時候，就很崇拜如同飛魚一樣有力氣的爸爸，」兒子寫著，「你們放心好了，就算以後我變成了鬼，我也不會害你們的。」

在另一封信裡，這個兒子寫道：「我以後會回來託夢，帶領著飛魚的翅膀來到族人的腳跟前。」而他想要的，只是一名牧師的賜福和禱告。

那個蘭嶼家族如何在辯論和痛苦的糾纏，度過一名兒子的生離死別，我其實無從得知，我是在那名志工師姐的口中得知這個故事。蘭嶼傳說著一個故事，跟飛魚和疾病有關，就說早年達悟族人不懂飛魚的吃法，染上了疾病，有一天一名漁夫夢見黑色的飛魚神，傳下了正確的吃法，從此蘭嶼人才有了飛魚乾的發明。那時，我開始想像，那個想像飛魚一樣回到蘭嶼的兒子，會不會也做過這樣的夢。

他的家族在痛苦和違背祖訓的恐懼中，選擇讓兒子返家，但雙方也有妥協，當兒子斷氣時，兒子就必須立刻抬離家中，到墳地進行儀式，那一刻，陪在身旁的師姐難以抑制地流下了眼淚。但是，並沒有牧師在最後的時刻現身。

說起來，也是多年前的往事了，現在的蘭嶼，長翅膀的飛魚照常來訪，隨著家族長輩的凋零，也沒有多少人記得這個兒子了吧，但家族的傳統聽說仍持續著。多年後，我和師姐聯繫，回想起這個故事，我問道：「那個兒子後來有回來託夢嗎？」師姐說她不知道，「但我倒是常常夢見他。」

林家糕渣

誠品敦南店開張後的那年，在書架一角遇見林義雄，靜靜翻書。解嚴才過，脆弱的台灣民主還如指縫飛出蝴蝶。等他走後，我好奇趨前，原來他拿起羅素的《我爲什麼不是基督徒》。

羅素是世界公民，一國的歷史苦難沒能束限這樣的知識良知，由於那次的邂遇，卻從此讓我在報上讀到林義雄的公投苦行路，或是太陽花學運期間，林義雄發願到立院外陪學生靜坐，總想起九十幾歲的羅素靜坐的往事。一九六一年羅素爲了反核武，號召萬人衝進英國國務院和海德公園，施行公民不服從的權力，遭到逮捕並拘禁七日。羅素曾說他終生爲三種激情所驅使，對愛情和知識的追求，以及不忍人之心。許多年後，翻閱林義雄的家書，在暗香沉落的夜晚，腦海猶存學生攻進行政院的激情畫面，我曾想在林義雄一封封論理的家書裡，尋找一個政治人物的不忍人之心。在台灣反對和本土運動人士堅持的靈魂底處，都有著那樣的一顆心，才能一路這樣走過。

遇見林義雄又過了多日後，和一群記者朋友到他羅東的家作客，餐廳在六樓俯瞰宜蘭風景的窗邊，餐餚中有道宜蘭的名產糕渣，當作點心。林義雄特別提到，這是當地市場買來的，其餘的菜，簡單的白飯、炒菜和貢丸湯，都是自家做的。

吃過糕渣，當然知道得小心燙嘴。但此時那盤小小的糕渣，從市場回來後溫度已冷，不再暗藏玄機。過去我曾在台北永康街的宜蘭食堂吃過此食，一直以爲裡頭的餡是雞油凍，同去的女生望著彼此的身材，皆不肯輕易動箸。我吃下一口，滾燙的油滋滋化開，果然名不虛傳。我存著這樣的想像多年，後來才知道，糕渣其實是道地的福州菜，內餡混合雞肉和豬肉魚鮮，做成凍後再油炸。此菜的來源，也許出自舊時先民勤儉的天性，把剩菜剩肉再利用，卻不忘記運用油炸，創造一次口舌的高潮。

有則小軼事提到，當年鴉片戰爭後，清廷以戰敗收場，和英國簽訂望廈條約，要清廷開放港口通商。林則徐心有不甘，就曾招待英國公使吃這道糕渣，英國人未明就裡，一口咬下去果然燙嘴，這當然只能算是弱國聊以自娛的報復。那個公使只有自認倒楣，誰讓他不先摸清中國菜的底細，難不成還要以此藉口再發動一次戰爭？但我有沒有理由這樣想，一個政治人物請記者吃糕渣，有沒有曾在心中出現過這樣的想像？

林家的這盤糕渣已冷，鴉片戰爭已結束多年，一口咬下去，我猶感受到的是走過台灣民主運動，一個父親的心意。那種心意，帶著歉意，也不僅從林義雄在景美的監獄爲女兒寫家書的日子出發，「女兒啊，當妳長大時，爸爸沒有能陪在妳的身邊，但我要妳知道，我總是掛念著妳的。」每一封家書，都是一個父親希望女兒長成後的模樣，有如糕渣，不管內餡燙嘴或是冷去，它在餐桌上的現身，總能代表著對宜蘭的眷戀。

這好像是一種命運，在台灣的民主運動裡，往往缺乏一個父親的身影。有個女兒，父親也在美麗島後入獄，等到解嚴、父親也獲平反出獄後，她接受採訪時幽幽說道：「因爲父親的不在家，我變得非常的早熟。」她懷念的，則是早年和爸爸媽媽吃過的一餐極其平常的飯，吃飯時父女連話也不說。但爸爸懷念什麼？想要如何彌補兒女的失去呢？林義雄的方式是開始寫家書，和女兒一起吃宜蘭菜，話還是不多，但餐桌上有女兒愛吃的糕渣。

我沒能在林義雄的家書中找到羅素，所以我沒能確定，那天林義雄有沒有買下那本書。羅素被拘禁後，英國報紙出現一則漫畫，矮小而滿頭白髮的羅素和一群高大的抗議人士站在一起，身著囚服，但羅素的影子卻異常的高大，勝過在場的所有人，這是英國媒體對一個偉人的致敬，九十多歲，還堅持著公民不服從的權力，我們已忘記那時的英國總理是誰，下達逮捕令的官員面目，卻永遠記得羅素。

我繼而想著，如果羅素請你吃飯，餐桌上有一盤糕渣，又該當何解？

腸粉和女兒

香港九龍的茶樓裡，這個女兒熟門熟路地點早茶，蘿蔔糕是必點的，也忘不了品嘗各式各樣的腸粉，從口味最單純的齋腸，到叉燒腸、鮮蝦腸，沒一會兒，桌上擺滿了腸粉。

別把腸粉當成台灣的香腸，三十幾年前，這個台灣女兒剛嫁到香港時，就眞的那樣以爲，一陣子總是在想，豬腸到底用在哪裡。她鬧的笑話還眞不少，譬如「忌廉」和「葛水」的意思。那時候，他們夫妻和兩公婆住在同一個單位裡，她是新竹女孩，做最道地的新竹米粉侍奉公婆，公婆卻吃不慣，一碗米粉都吃不完，她很快就發現，來自廣州的兩老，只要桌上有腸粉就不再囉嗦。

腸粉是街頭上買的，七、八十年代的香港，還有頗多紡織工廠。那些女工上工前，就在街頭的攤位前吃腸粉，還有人外帶回去給爸媽和孩子當早點，才匆匆忙忙趕去上工，在香港資本主義繁榮的時刻，腸粉塡飽了工作者的胃。

來自廣州的腸粉，在十九世紀末就已出現在廣州街頭，變成了南方家庭和茶樓的必備點心。女兒剛到香港時，街頭上的小販就在路邊攤開粘米版，鋪平了米漿邊捲邊蒸，客人就在路邊站著吃，那陣熱騰騰的香味傳遍香港，稱做「拉布腸」。女兒卻不由得想起小時在新竹，每到九降風起，陽光強烈，她就和媽媽在屋前的廣場曬米粉，同樣是米製品，一個是柔軟的，一個卻細長而有個性的硬著，像是一樣的娘胎，卻各自有著個性的兒子女兒。越想，她越懷念起新竹的親人，覺得這個「腸粉」其實是「牽腸掛肚」的「腸」。

其實，那麼南方的腸粉，眞像是某一代的台灣女性。那麼的白，入口那麼的滑潤柔軟，包容著各式各樣的餡料，連最桀驁的牛肉，也得乖乖地包進腸粉裡，像是只聽老母勸說的頑皮少年。但是，在家族裡，腸粉總是懂得退讓的，她總是讓餡料出頭，給出了各種各樣的名字。在家裡，她試圖用台灣人常用的肉燥、蝦米來做腸粉，正確地說是她把新竹米粉的靈魂包在腸粉內，公婆讚不絕口，她就這樣把家鄉味，把做爲台灣女子的一種什麼感覺，偷偷地藏在腸粉裡。

香港一住就是三十年，歷經回歸和開放，台灣女兒已說得一口標準的廣東腔，現在的思念，卻不知從何時起，從米粉變成了腸粉。她在茶樓裡跟客人介紹，開口就說：「我們香港人，早茶都會來碟腸粉。」接著才啞然失笑，她什麼時候已經變成了香港人了。

九歌文庫 1203

散步去吃西米露——飲食兒女的光陰之味

作者	呂政達
插畫	朱疋
責任編輯	張晶惠
創辦人	蔡文甫
發行人	蔡澤玉
出版發行	九歌出版社有限公司 臺北市105八德路3段12巷57弄40號 電話／02-25776564・傳真／02-25789205 郵政劃撥／0112295-1
九歌文學網	www.chiuko.com.tw
印刷	晨捷印製股份有限公司
法律顧問	龍躍天律師・蕭雄淋律師・董安丹律師
初版	2015（民國104）年10月
定價	300元

書號 F1203

ISBN 978-986-450-017-8

（缺頁、破損或裝訂錯誤，請寄回本公司更換）

國家圖書館出版品預行編目資料

散步去吃西米露：飲食兒女的光陰之味 / 呂政達著.
-- 初版.-- 臺北市：九歌, 民104.10
272 面 ；14.8×21公分. --（九歌文庫；1203）

ISBN 978-986-450-017-8（平裝）

1. 飲食　2. 文集

427.07　　　　　　　　　　104017702